油气管道地质灾害风险评价方法与实践

刘奎荣
张　杰
田　野　　等编著

OIL AND GAS PIPELINES GEOLOGICAL HAZARDS RISK ASSESSMENT METHODS AND PRACTICE

化学工业出版社
·北京·

内容简介

《油气管道地质灾害风险评价方法与实践》聚焦管道地质灾害风险管理，梳理了岩土类灾害、特殊土类灾害、水毁灾害及地质构造类灾害等常见地质灾害，并解析其形成机理、影响因素及危害。

全书以风险评价为核心，涵盖层次分析法等传统方法及 GIS、InSAR、无人机监测等技术，结合监测预警与工程防治，构建“识别—评价—防控”技术链，通过实例展示治理经验并展望未来方向。

本书立足工程实际，适合管道工程技术人员阅读参考。

图书在版编目（CIP）数据

油气管道地质灾害风险评价方法与实践 / 刘奎荣等编著. -- 北京 : 化学工业出版社, 2025. 11. -- ISBN 978-7-122-49601-0

Ⅰ. TE973; P694

中国国家版本馆 CIP 数据核字第 20252QP524 号

责任编辑：张　艳　　　　文字编辑：刘　莎　师明远
责任校对：李雨函　　　　装帧设计：王晓宇

出版发行：化学工业出版社
（北京市东城区青年湖南街 13 号　邮政编码 100011）
印　　装：北京建宏印刷有限公司
787mm × 1092mm　1/16　印张 12¾　字数 224 千字
2025 年 12 月北京第 1 版第 1 次印刷

购书咨询：010-64518888　　　　售后服务：010-64518899
网　　址：http://www.cip.com.cn
凡购买本书，如有缺损质量问题，本社销售中心负责调换。

定　　价：148.00 元

本书编写人员名单

刘奎荣	张　杰	田　野	郑承勇	邹　斌
方卫林	高富超	陈翠翠	李振军	闾宏为
丁　伟	王昭文	赵立军	刘泽豪	张圣柱
王　旭	李　威	刘焕焕	黄艺辉	杨亚文
姜　山	张　铎	张路路	廖开华	倪超伟
孙　巧	高创波	田向煜	刘清华	陈　鹏
吴　霄	闫俊杰	谢　亮	聂　亮	张英立

前言

油气管道作为能源输送的核心设施，其安全运行直接关系能源保障与社会稳定。我国油气长输管道总里程已达 19 万公里，线路广泛穿越山区、冻土区等复杂地质区域，滑坡、水毁等地质灾害引发的事故频发，给运营安全带来严峻挑战。

目前，管道地质灾害防治已从单纯事后处置，发展为贯穿规划、建设、运营全周期的系统管理。国际上，欧美等国已形成成熟的风险管理模式；国内在西气东输、中俄东线等工程中，也积累了符合我国地质特点的实践经验，但相关技术成果缺乏系统整合，难以满足工程实际需求。

本书编写旨在梳理行业实践成果，构建从灾害识别到防控治理的完整技术框架。全书以“识别—评价—防控”为主线，第一章明确油气管道发展现状与地质灾害风险管理的核心价值，梳理国内外研究与实践现状；第二章分类解析各类地质灾害的形成机制与危害特征；第三章夯实风险评价基础理论，明确评价流程与防控策略，帮助企业更好地理解地质灾害的不确定性和复杂性，为风险管理和决策提供重要的参考信息；第四章构建多元评价方法体系，涵盖传统统计、机器学习、空间信息技术融合等各类实用方法；第五章聚焦监测与预警技术，详解监测数据处理、预警指标构建与信息响应机制；第六章针对不同灾害类型，提出针对性工程防治原则与具体措施；第七章通过 8 个典型工程案例，具象化展示治理实践与成效；第八章展望新技术应用、跨学科融合等未来发展方向，为行业发展提供有力的理论支持与实践指引，为油气管道的地质灾害防控提供了新的思路和方法。书中既有理论支撑，又有工程实践，分类解析各类地质灾害特性，介绍风险评价方法与监测预警技术，结合典型案例提供具体解决方案，突出实用性和针对性。

本书在编写过程中，得到相关企业和一线技术人员的支持，在此致谢。因笔者水平所限，书中难免有疏漏，欢迎读者批评指正。

编著者
2025 年 8 月

目录

第1章　绪　论

1.1 油气管道发展现状

全球油气管道主要集中于北美、欧洲、中国等国家和地区，其中油气管道总长排前三的国家分别是美国、俄罗斯、中国。到2023年，全球在役天然气管道总里程为136万公里，主要分布在北美、欧洲、亚太地区。北美地区建成了全球集成度最高的油气管网体系，在役油气管道总里程约84万公里；欧洲建成了以进口管道与区域联通管道为主的管网系统，在役油气管道总里程约31.5万公里。从建设趋势来看，亚太地区正处于经济高速发展阶段，对油气管道基础设施的建设将加速推进。

中国已成为全球第三管道大国。截至2023年底，我国长输油气管网总里程约19万公里，其中原油管道3.3万公里、成品油管道3.3万公里、天然气管道12.4万公里，主干油气管网总里程超10万公里；陆上石油和天然气进口管道总数已达8条，其中石油进口管道为3条，天然气进口管道为5条，分布于我国东北（黑龙江）、西北（新疆）及西南（云南）三大区域。2024年我国新建天然气管道里程超过4000公里，中俄东线天然气管道全线贯通，西气东输四线天然气管道新疆段投产运行；2025年新建天然气管道超2000公里，逐步形成横跨东西、纵贯南北、覆盖全国、联通海外的天然气“全国一张网”，打造“四大战略通道＋五纵五横”的干线天然气管网布局；逐步形成“四大进口通道＋三大区域”原油管网架构、“三纵三横”成品油管网架构；省级管网不断发展壮大，目前已有十多个省（区、市）相继成立了省级天然气管网公司，全国油气管网布局不断完善。

随着我国油气管道的不断发展，管道建设、施工及装备研发取得突破性进展，高钢级、大管径与高压力输送目前已成为骨干油气管网建设的主流，中俄东线天然气管道是国际上首次采用1422mm大口径、X80高钢级、12MPa高压力的管道；管道制管技术及设备国产化取得突破，油气管道关键核心装备国产化率达到97%，管网90%以上技术达到国际领先水平；复杂地质条件下的管道施工与配套技术不断发展完善，海底管道敷设走向深海，建立了深水海底管道工程技术及装备体系，具备1500m超深水油气管道自主建设工程技术能力；高寒冻土区管道敷设取得突破。中俄原油管道漠大线是中国第一条通过永冻土区的管道，面对多年冻土退化、低温和脆弱生态的管道建设挑战，创新性地提出了冻土调控原则和系统性解决方案；油气管道技术的发展进一步提升了油气供应保障能力。

油气管道运输具有安全、环保、连续输送等特点，是国家重要的能源基础设施和民生工程，也是现代能源体系和现代综合交通运输体系的重要组成部分，更是保障国家能源安全的关键设施，是能源安全的“生命线”，在国民经济中占有十分重要的战略地位。通过建设完善的输油气管道网络，可以实现石油和天然气的多元化供应，降低对单一来源的依赖，提高国家的能源安全保障能力。

油气管道对于促进经济发展具有重要意义：通过油气管网的互联互通，可实现油气资源跨区域调配，提高应急保供能力；通过强化储气调峰能力、技术创新驱动及市场化改革，能够形成多元化、弹性化的油气资源供应体系，成为保障国家能源安全的战略基石。因此，油气管道的安全平稳运行在国家能源安全和经济发展中起着举足轻重的作用。

1.2 地质灾害对油气管道的危害

我国是一个地质灾害多发的国家，随着我国油气管道建设的快速发展，已建管道和规划管道不可避免地会穿越地质条件复杂的地区，管道经过之地可能存在各种类型的地质灾害隐患，管道面临地质灾害的风险日益增加。近年来全国80%的地质灾害发生在已圈定的隐患点范围外，发生地点具有更高的隐蔽性，发生时间具有更大的随机性，给地质灾害的风险管理带来极大挑战。

我国幅员辽阔，油气管道分布广泛，几乎涉及了所有影响油气管道安全运行的地质灾害类型，而且地质灾害发育类型和规模、管道损伤模式等具有显著的地区性差异，如西南高陡山区、中西部黄土区、东北冻土区、华南丘陵水网区、西北戈壁荒漠区等，给灾害管理与防治带来较大挑战。我国已发生多起由地质灾害引起的油气管道事故，不仅影响油气管道的安全平稳运输，严重时还造成火灾爆炸事故、重大环境污染甚至人员伤亡。

管道沿线发生的地质灾害类型主要为滑坡、崩塌、潜在不稳定斜坡、水毁等。输油管道具有埋深浅、壳薄、内含高压易燃易爆介质的性质，这决定了沿线地质灾害对管道的危害有其特殊性，较小的地质灾害也可能对管道造成重大灾害。

地质灾害是油气管道安全运营的主要风险源之一，包括滑坡、泥石流、地震、崩塌和水毁等。滑坡和崩塌地段油气管道灾害的发生往往不易预知，一旦发生，数万立方米的岩石和土壤在短时间内快速移动，易导致油气管道断裂、变形、防腐层受损以及附属设施损毁，使管道失效。

水毁类灾害发生频率高，往往导致管道浅埋、露管、防腐层受损。地震和泥石流等地质灾害发生频率相对较低，但一旦发生，其影响巨大，能够直接摧毁管道，还容易引发滑坡和崩塌等灾害，间接破坏管道。

总之，地质灾害对油气管道的破坏作用是巨大的，即使是材质优良的管道，在其作用下也不堪一击，极易断裂并造成油气泄漏，进而导致油气供应中断、财产损失、环境破坏。

油气管道地质灾害风险具有一般自然灾害风险的主要特点，主要表现在以下几个方面。

（1）地质灾害风险的随机性

地质灾害的形成和发展受多种自然条件和社会因素的影响，所以某一特定时间、特定地点的地质灾害事件的发生时机、灾害规模，以及造成的人员伤亡和财产损失，都具有很大的不确定性或随机性。

（2）地质灾害风险的群发性和区域性

地质灾害多以灾害点、灾害群的形式发生，从风险的角度来讲，各类灾害并不是孤立的，而是受区域地质构造、暴雨、地震、地形等条件制约的，具有群发性和区域性。

（3）地质灾害风险的可防御性

地质灾害都是在一定条件下形成并发展的，所以通过研究灾害的属性特征，认识灾害的形成条件和活动规律，可以通过监测、预报和防治措施，在一定程度上控制灾害活动，保护管道及其附属设施，减少和避免灾害造成的破坏和损失，降低风险，因此风险具有可防御性。

（4）人类活动对地质灾害风险的影响

人类活动对地质灾害的影响也不容忽视，如过度开发和不合理利用地下资源，会导致地下水流和固体地质结构改变，增加地震、滑坡、地面沉降、塌陷等灾害的风险；大规模的基础设施建设会改变地形地貌，导致地质灾害的发生；全球气候变化现象会增加地质灾害的发生概率并加剧危害程度，例如，气候变暖导致冰雪融化，使海平面上升，进而增加洪水隐患。

管道地质灾害风险特征是构建管道地质灾害风险评价理论与方法的基础和出发点。基于管道地质灾害风险的复杂性，对管道地质灾害风险的认识和评价是一个不断深化、完善的理论研究与技术方法的创新过程。

1.3 油气管道地质灾害风险评价的目的与意义

输油气管道作为一种特殊的输送方式，已成为仅次于铁路、公路、民航和水运的第五大运输方式，“十五五”时期我国管道运输仍将处于高速增长期。与此同时，近年来突发性强降水、台风等极端气候事件增多，灾害发生的概率加大，致使油气管道面临的地质灾害防治的总体形势更加严峻，给管道安全运行带来极大威胁。自然灾害，尤其是地质灾害，已成为威胁管道安全的主要风险源之一，根据欧洲天然气管道事故数据组织第 11 次报告，2010—2019 年自然灾害（以地质灾害为主）引起的管道失效约占管道事故总数的 15.76%，而造成的财产损失仅次于第三方损坏。目前我国处于新的地质活跃期，山区管道长期处于复杂的地质环境之中，受恶劣极端天气的影响，管道受灾事故、事件频发，如 2015 年深圳“12·20”山体滑坡导致西二线广深支线断管、2016 年“7·20”恩施滑坡导致川气东送断管爆燃、2017 年“7·2”晴隆滑坡导致中缅天然气管道断管燃烧爆炸等，这些事故都造成了较严重的损失和社会影响，因此加强油气管道地质灾害风险管理工作显得尤为重要。中国是世界上地质灾害较为严重的国家之一，随着长输油气管道里程的逐年增长、沿线各种人类工程的扰动和自然环境突发事件的越发频繁，管道地质灾害已不可避免地呈多发态势，管道运行安全与管道地质灾害之间的矛盾日益凸显。

油气管道地质灾害风险是指造成管道破坏的概率和导致的生命、财产、环境等各类损失，是地质灾害易发性、管道易损性和管道正常运行失效后果的组合。管道地质灾害风险评价是评估管道地质灾害风险大小以及确定风险大小是否在容许范围内的过程，是对地质灾害发生的可能性、危害程度和损失范围等进行综合分析、判断和预测的过程。风险评价可以量化风险并对风险进行排序，从而为降低风险提供一套科学和系统的方法，是油气管道地质灾害管理和防灾减灾决策的基础。

管道地质灾害风险评价是管道风险管理的基础，是确保管道安全运行、预防灾害事故的重要技术手段，其目的是系统识别油气管道在规划、设计、选线、施工、运行、报废等全生命周期过程中可能遇到的地质灾害，对潜在地质灾害进行定性、定量分析和预测，评价地质灾害发生的可能性及其后果严重程度，采取相应的治理措施，确保油气管道安全运行。采用各类分割线风险评价方法，通过计算整个区域或某条管道系统的地质灾害风险值，然后对整条管道沿线进行风险排序，从低风险区到高风险区分别区划，重点识别出高风险区域，同时分析确定对管道事故影响较大的因素，为维护管道运营提供科学依据。

对油气管道沿线的地质灾害进行识别、风险评价和防治，直接关系到油气管道的安全运行。在项目建设阶段，开展地质灾害识别和风险评价是一项必不可少的前期工作，是油气管道选线、管道设计方案、施工方案优化、决策的重要依据，能够从源头上保障油气管道线路安全。管道运行阶段定期开展地质灾害识别和风险评价，及时发现地质灾害隐患、采取相应的处理措施，能够保障油气管道安全运营。由于自然环境和油气管道运行情况是一个动态变化的过程，所以地质灾害风险评价应该贯穿于管道从规划、设计、选线到运营的全过程，实现全生命周期的动态管理。

1.4 油气管道地质灾害风险管理

1.4.1 国外油气管道地质灾害风险管理现状

国外管道公司为应对地质灾害的威胁，普遍采取的措施是实施油气管道地质灾害风险管理。在油气管道的风险评价分析方面，国外管道公司根据管道实际运行的各种情况，已进行了近 30 年的研究和应用，积累了丰富的失效经验和事故数据，在降低管道风险方面取得了一定的成效，并且实现了由安全管理向风险管理的过渡、由定性风险评价向半定量和定量风险评价的转变，风险评价已逐步走向规范化、系统化和完整化。

1985 年，美国 Battelle Columbus 研究院发表了《风险调查指南》，在管道风险评价方面运用了评分法。美国阿莫科（Amoco）管道公司（APL）从 1987

年开始采用专家评分法风险评价技术管理所属的油气管道和储罐，到 1994 年为止，已使年泄漏量由原来工业平均数的 2.5 倍降到 1.5 倍，同时使公司因每次发生泄漏的支出降低 50%。该公司多年的实践应用表明，完善的风险管理手段可降低泄漏修理和环境保护的费用，对腐蚀管线采用合理使用原则可明显降低维修成本。

1992 年，美国的 W. Kent. Muhlbauer 撰写了《管道风险管理手册》，该书详细叙述了管道风险评价模型和各种评价方法，是美国对前 20 年开展油气管道风险评价技术研究工作的成果和经验总结，并作为开发风险评价软件的重要参考依据，很快被世界各国学习借鉴；目前 Kent 改进指数量化风险评价模型已被国内外各大管道公司普遍采用和认可。1995 年，加拿大 BGG 公司自主开发了管道自然灾害风险管理系统，基于该系统对 2.1 万公里的美国北部地区管道开展了地质灾害风险管理研究。2002 年，BGC 公司与 Kent 合作，对系统进行了更新升级，然后改名为管道地质灾害风险管理系统（GRM）。该系统采用半定量评价方法，可对地面移动、水毁灾害进行风险评价。自 2002 年以来，GRM 系统对超过 1 万公里的长输管道沿线的 3000 个水毁灾害点和 700 个地质灾害点进行了风险管理。代表性的管道有加拿大的 TMPL 管道、Alliance 管道、Transre-des 管道，南美的 Concentrate 管道、Nor Andino 管道、Andean 管道，以及欧洲的 Erskine 管道。目前，该公司在长输管道地质灾害风险管理的研究与应用领域居世界领先水平。

意大利米兰全国天然气管理公司（SNAM）于 20 世纪 70 年代起建立了油气管道地质灾害监测网及评价系统，对危险状态提前预警，并较早开展了灾害体对管道的作用效应试验，目前该监测系统还在不断更新与完善。1997 年美国西北管道实施地质灾害风险管理，较大地提升了管道完整性管理水平。1998 年加拿大贯山管道实施地质和水毁灾害风险管理，开发了地质灾害数据库管理程序，用于管道运营者的决策。从 2001 年开始，南美地区油气管道也普遍实施地质灾害风险管理，如 Nor Andino 管道、Andino 管道、玻利维亚 OSSA-1 管道、Concentrate 管道等。地质灾害风险管理的实施为管道运营企业带来了显著的管道安全效益，如南美洲的 Nor Andino 管道在进行地质灾害风险管理后，其失效概率由原来的 0.64 次/(1000km·a) 降低到了 0.28 次/(1000km·a)。

在对某些单点地质灾害的处理方面，国外的一些做法也值得借鉴。如加拿大 AEC 管道 House River 滑坡：1977 年，AEC 公司发现该滑坡体不稳定，进行了简单观察；1991 年对滑坡体进行勘察，并监测到滑坡体的深部位移；1996 年发现滑坡体位移明显增加；1998 年对滑坡体进行了地质评价，采用数值模拟手段评价了管道受力，在此基础上提出了5种防灾减灾方案；1999年5月专门开发了基于风险的决策树模型（PDM），分析防灾投资与管道失效的耦合成本，确定减灾方案；1999年9月实施减灾方案，对滑坡灾害进行风险评价，在滑坡体和管道的变形监测、相互作用模拟的基础上，提出了滑坡灾害的防治决策方案，并分析了管道失效和减灾的耦合成本；2000年8月通过监测重新评价风险，发现风险仍不可接受，于是实施附加的减灾方案。从开始识别灾害到彻底治理，历时23年，其间反复地研究比选，最后治理的成本仅为30万美元，充分显示了科学研究和成本管理的优势。

与各管道运营公司的地质灾害管理相比，科研机构始终走在前面。加拿大BGC公司从20世纪90年代开始研究管道地质灾害的风险管理，其研究基于Kent的管道风险模型，充分运用国际主流风险评价方法，结合3S技术，开发地质灾害风险管理（GRM）系统，并先后应用于超过30000km的管道。国际管道科学研究院（PRCI）是管道科研方面的知名机构，从20世纪70年代起就针对管道地质灾害开展了深入的研究，研究的重要课题有滑坡作用下海底管道的稳定性、管道-土体相互作用模型、土体运动区管道失效的防治、地面塌陷区管道的监测与防治、非传统方法用于监测管道地质灾害、基于量化风险法的地质灾害作用下管道完整性的精确评价、改进的管道-土体相互作用模型及其响应预测、地面移动条件下管道屈曲的预测、利用土工织物降低管道-土体之间的摩擦力等。PRCI的研究工作代表了国际上管道地质灾害研究的较高水平，也为实施地质灾害风险管理提供了强有力的技术支撑。美国科学软件公司（SSI）研究开发的气体管道仿真软件TGNET和液体管道仿真软件TLNET，已在世界上45条油气管道上应用。这些仿真软件可以对管道运行的瞬态水力状况进行模拟，用来反映管道是否遭受地质灾害，其在线模拟系统由实时模型、预测模型和自动先行模拟等几个模拟软件组成。加拿大C-CORE研究院也较早开展了管道地质灾害的研究，依靠一流的实验设备，他们在土-冰-管道相互作用、土-管道动力相互作用的物理模拟、数值模拟，管道地质灾害的遥感识别以及风险评价方面具有了较强的优势。

1.4.2 国内油气管道地质灾害风险管理现状

经过近几十年的发展，国内已有不少研究者将大量数学模型引入区域地质灾害评价中，提出了多种区域地质灾害危险性评价的方法，比如专家评分法、信息量法、层次分析法、逻辑信息法、综合判别分析法、模糊综合评判法、变形破坏指数法、危险概率分析法以及神经网络模型等。

国内率先开展油气管道地质灾害风险管理的主要有西气东输、陕京输气管道和兰成渝管道等工程。国内油气管道企业自 2007 年起开展了油气管道地质灾害风险评价技术研究，建立了油气管道地质灾害风险评价模型；开发了滑坡（包括黏土滑坡、碎石土滑坡、岩体滑坡和黄土滑坡）、崩塌、泥石流、采空区塌陷、水毁（包括坡面水毁、河沟道水毁、台田地水毁）、黄土湿陷共六类十一种常见管道地质灾害的风险半定量评价技术，以及基于蒙特卡罗法的滑坡崩塌灾害发生概率计算方法和滑坡崩塌灾害作用下管道易损性计算经验公式。风险半定量评价方法已经纳入相关企业标准。

中国石油西气东输管道公司联合西南石油大学，对西气东输管道面临的水毁灾害、湿陷性黄土灾害、采空塌陷灾害、泥石流灾害等九种灾害的危害特征、致灾机理、影响因素进行了研究，在对西气东输管道全线所经地区环境地质条件进行调查分析的基础上，针对西气东输管道环境地质灾害类型，基于 Kent 模型建立了西气东输管道环境地质灾害风险评价的半定量指标体系，开发了相应的评价软件，为西气东输管道的环境地质灾害预防提供决策依据。国家管网集团北京管道有限公司对山西境内沿线地质灾害点进行了调查识别，对崩塌、滑坡、泥石流、洪水冲蚀、黄土湿陷等地质灾害的特点、发展演化的过程和阶段以及制约因素进行了危险性预测评估，并制定了基于风险的油气管道地质灾害防控管理方案。国家管网集团西南管道责任有限公司以地质灾害监测方法及防治技术研究课题为依托，对兰成渝管道地质灾害进行危险度分区评价及危险性分段预测，形成一套基于地理信息系统（GIS）的管道区域地质灾害危险性评价方法体系，并提出了兰成渝管道地质灾害监测与防治对策，开发出了管道地质灾害信息数据库。

目前国内已逐步建立完整的油气管道地质灾害风险管理系统，全国主要骨干油气管网均开展了地质灾害风险管理方面的工作。《油气管道地质灾害风险管理技术规范》（SY/T 6828）明确了单体管道地质灾害风险定性评价分级方法、基于指标评分法的管道地质灾害风险半定量评价方法和 Monte-Carlo 方法用于计算滑坡和崩塌破坏概率，建立了单体管道地质灾害风险定量评价方法，为国内油气管道地质灾害风险识别、评价与控制提供了指导。

21 世纪以来，由于地质灾害事件的随机性和难以预测性，基于风险的油气管道地质灾害管理逐渐成为管道地质灾害防护的主流手段。国家石油天然气管网集团公司（以下简称“国家管网”）提出了油气管道全生命周期地质灾害防治理念，在油气管道规划、设计、施工、运营、报废等各阶段（图 1-1），从安全性、经济性、环保性、运行效率等角度综合考虑油气管道自然地质灾害隐患和风险的避免、减缓及消除，牢固树立管道保护核心理念，将保障管道安全作为防控工作的出发点和落脚点，坚持预防为主、防治结合，以保护管道为目的，以削弱灾害的不良影响为原则，各阶段工作紧密衔接、互为依托，不断提升油气管道安全保障程度。

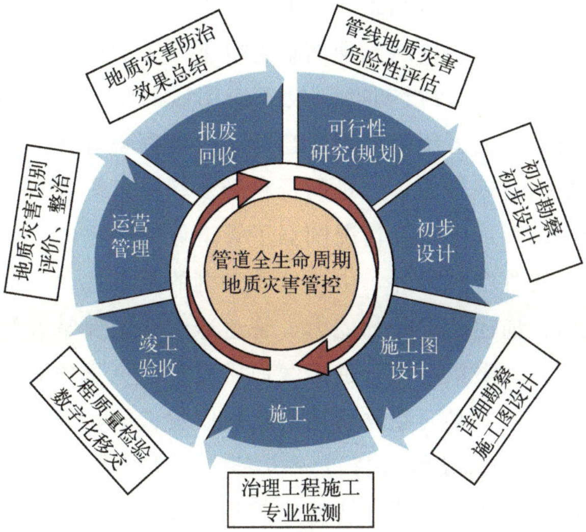

图 1-1　油气管道全生命周期地质灾害管控周期

国家管网目前已建立并逐步完善油气管道地质灾害防治标准体系，以油气管网全生命周期地质灾害防治理念为主线，逐步建立起涵盖基础通用、业务管理、建设期防护、运营期防护、管道防汛、应急抢修、管道废弃七大专业的油气管网全业务链标准体系，使管网规划、设计、施工、运营、报废等各阶段紧密连接、互为依托，促进油气管网安全保障程度不断提升，构建“优化设计、专业排查、智能感知、科学预警、综合防治”的油气管道地质灾害防治标准体系架构（图 1-2）。

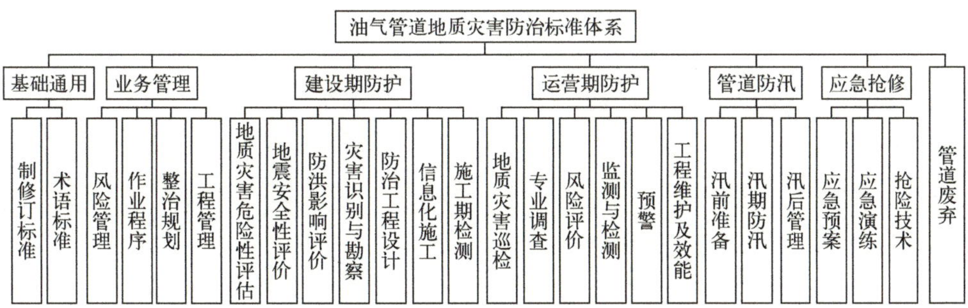

图 1-2　油气管道地质灾害防治标准体系架构

1.4.3 油气管道地质灾害风险管理存在的不足

油气管道地质灾害风险管理涉及多学科知识，目前国内主干油气管道大部分都已建立了完善的地质灾害监测系统，但是管道沿线地质环境的复杂性等原因导致我国的油气管道地质灾害风险管理面临着以下几方面的差距和不足。

① 早期的油气管道从建设初期到投入使用后的情况大部分依靠人工记录，很难将管道沿线的地质灾害历史及管道自身运行数据整理齐全；并且由于缺少标准化、规范化的数据管理方法，大量的资料必须耗费大量人力将这些资料分门别类地进行归纳和总结。这些实际情况削弱了管道原始数据的真实性和可靠性，增加了收集原始数据的难度。另外，由于地质灾害的复杂性，一般的非专业人员不具备对其进行辨别、描述、记录的能力，管道运营企业要掌握管道沿线存在的地质灾害情况难度很大。采集油气管道沿线地质灾害信息是建立管道风险评价体系的基础工作，因此非常有必要建立管道沿线地质灾害信息数据库。

② 地质灾害监测预警技术有待进一步完善。目前大部分地质灾害风险识别依赖于人工巡检和固定式传感器，智能化监测设备应用相对不足，偏远地区监测覆盖率相对较低，实时数据传输与分析能力不足，缺乏多源数据融合的预警平台，难以及时响应突发灾害。

③ 油气管道地质灾害风险评价包含对地质灾害、环境、管道、社会、经济等风险因素的评价，数量众多，难以定量化。现阶段的风险评价方法具有高度主观性，其评价结果与假设条件密切相关，不同的评价人员使用相同的资料评价同一个问题，也可能会得出不同的结果。这些经验性的预测方法使风险评价的结果在很大程度上还取决于判断的准确性。虽然现阶段管道模糊风险评价系统已经考虑到了这点，但其评价矩阵和权重级别的确定仍不可避免地带有很强的主观性。

第2章 管道地质灾害的类型与特征

管道地质灾害是指在自然或人为作用下形成或诱发的，对管道安全和运营环境造成破坏的地质作用。根据《油气管道地质灾害风险管理技术规范》（SY/T 6828—2024）的规定，管道地质灾害包括岩土类灾害、特殊土灾害、水毁灾害和地质构造类灾害。岩土类灾害仅包括滑坡（含不稳定斜坡）、崩塌、泥石流、地面塌陷（仅包括采空区塌陷和岩溶塌陷）；特殊土灾害仅包括黄土湿陷、膨胀土胀缩、冻土冻胀融沉、盐渍土盐胀溶陷和风蚀沙埋；水毁灾害仅包括坡面水毁、河沟道水毁和台田地水毁；地质构造类灾害仅包括活动断层和地震。

2.1 岩土类灾害

2.1.1 滑坡与崩塌

2.1.1.1 滑坡与崩塌的形成机制

管道穿越的潜在滑坡发生变形时，滑坡的下滑推力将直接作用于管道。在蠕变初期，作用力相对较小，管道产生相应的协调弯曲、拉压、剪切等弹性变形；作用力增大时，管道变形将逐渐向塑性变形发展，最终使管道出现折断、剪断等破坏。管道穿越滑坡的形式有三类：横向、纵向和斜向穿越，其中以管道横穿滑坡、作用力垂直于管道时对管道的危害最大。

滑坡与崩塌灾害的影响主要有以下 5 个方面。

（1）管道受损

滑坡发生后，山体和地表发生了变形和位移，往往会对地下管道造成压力、挤压和破坏，尤其是在滑坡带的复杂地质环境中，地下管道的受力情况更加复杂，容易出现管道破坏、变形的问题，严重威胁油气管道的安全。

（2）油气管道泄漏

管道变形和破坏，容易导致管道泄漏，从而造成环境污染并对附近人员的生命和财产造成重大威胁。滑坡带来的泥土、石头、湿滑环境对事故的发现和应急救援也会产生严重影响。

（3）管道运行受阻

滑坡发生后，地质环境发生显著改变，管道所在区域变得不再平稳，导致输气、输油管道的运行受到一定程度的阻碍，甚至无法正常运行。这种情况不仅会影响供气、供油系统的运行，还会对当地的市场供应产生不利影响。

（4）管道维护困难

地质环境的变化、地表变形、水土流失等地质灾害现象，使输气输油管道的检修和维护工作变得异常艰难，往往需要投入数倍的人力、物力、财力才能完成。

（5）监测监控数据缺失、失真

滑坡与崩塌灾害可能损坏监测监控设施，造成实时监控数据缺失等，对油气管道的监测、监控造成不利影响。

2.1.1.2 滑坡与崩塌的影响因素

滑坡、崩塌灾害成因类型可划分为降雨引发型、地震激发型、自然演化型、冻融渗透型、地下开挖型、切坡卸荷型、工程堆载型、水库浸润型、灌溉渗漏型和爆破振动型共10种。前4种以自然作用成因为主，后6种以工程活动作用为主，具体到某种类型的滑坡案例则多种因素并存。对滑坡灾害影响较大的因素是地形地貌、降雨量、岩土性质、地表坡度和地表情况。对崩塌灾害影响较大的因素是岩体结构特征、节理发育和地形地貌。

2.1.1.3 滑坡与崩塌对管道安全的危害特征

滑坡的发育特征为：由松散土层、碎石土地、风化壳和半成岩土层组成的斜坡、较陡坡体在暴雨冲刷、浸润等作用下易发育滑坡灾害。滑坡对管道的危害与管道敷设位置相关：若管道在滑坡体内敷设，会受到滑坡体平行管道轴线方向的摩擦力拉压和垂直管道轴线方向的推挤，管道在较大应力作用下会发生弯曲变形、拉裂甚至断裂；管道横坡敷设时危害程度更大。滑坡发生前，坡体前缘岩土体会有松散现象，或坡体两侧出现沟谷、裂缝，坡体上呈现异常台坎，甚至有积水洼地、地面开裂、马刀树或“醉汉林”等明显标志。

2.1.2 泥石流

2.1.2.1 泥石流的形成机制

泥石流是松散岩土与水混合形成的一种特殊流体，常见的是沟谷型泥石流和坡面型泥石流。泥石流的形成必须同时具备以下3个条件：陡峻的便于集水、集物的地形、地貌；丰富的松散物质；短时间内大量的水源。泥石流地貌通常可分为形成区、流通区和堆积区三部分。上游形成区地形多为三面环山、一面出口的瓢状或漏斗状，地形比较开阔，周围山高坡陡、山体破碎、植被生长不良，这样的地形有利于水和碎屑物质的集中。中游流通区地形多为狭窄陡深的峡谷，谷床纵坡降大，使泥石流能迅猛直泻。下游堆积区地形通常为开阔平坦的山前平原或河谷阶地，使堆积物有堆积场所。

泥石流是山区常见的自然现象，当油气管道与泥石流沟道并行或者相交时，发育的泥石流轻则造成管道埋深不足或局部出露，重则造成管道长距离悬空、变形、扭曲、断裂等。泥石流对管道造成危害的基本途径为暴雨→泥石流→管道断裂→油气泄漏→火灾/污染→生态破坏，具体危害到何种程度取决于泥石流强度、管体和外环境因素等综合作用。泥石流对建成的油气管道的危害机制如下：

① 大量石块冲击管道支撑架，引起支撑架的稳定性失稳。

② 直接冲击管体，造成管道凹陷、穿孔（如直径为30cm的石块以8m/s的速度冲击钢管可造成深度＞5cm的凹痕）。

③ 绕流冲刷：泥石流绕过管道时形成涡流，掏空基础土壤，导致管道悬空（悬空长度＞10m时应力达屈服强度的70%以上）。

④ 泥石流堆积扇上的堆积物堆积在管道上，形成强大的管道压力，容易造成管道形变等。

⑤ 泥石流的强大冲刷力，作用于管道表土，造成表土剥离，管道表土裸露，从而威胁管道的安全运行。

⑥ 泥石流携带大量固体，甚至巨石。直径＞1m的巨石（质量＞2t）以5m/s的速度撞击管道时，冲击能量＞25kJ，远超管道抗冲击能力（一般设计值＜10kJ）。

⑦ 浮托力作用。高含水泥石流产生的浮力，可能会使未锚固管道上浮移位（浮力可达管道自重的1.5倍）。

⑧ 磨蚀损伤。硬质颗粒磨耗。泥石流带来的石英砂（莫氏硬度7）、碎石子等硬质颗粒持续冲刷管道表面时，管道防腐层磨损速率可达0.5～1mm/h。金属管体

暴露后，磨损速率提高 3～5 倍（山区管道因泥石流磨蚀年壁厚减少 1.2mm）。

⑨ 管道掩埋效应。当泥石流堆积物厚度＞3m 时，附加土压力超过管道抗压强度（如 DN800 钢管极限抗压约 1.5MPa），导致压溃变形。同时泥石流堆积物（如石块、树木）会干扰常规检测手段（如超声波、漏磁检测），漏检率高达 40%。

⑩ 腐蚀环境恶化。泥石流带来电解质富集，泥石流堆积物含水率高（＞30%）、盐分迁移，形成高腐蚀性环境（土壤电阻率＜100Ω·m），腐蚀速率提升至 0.3～0.5mm/a。

2.1.2.2 泥石流的影响因素

泥石流的活动强度主要受到地形地貌、地质环境和水文气象条件等的影响。崩塌、滑坡、岩堆群落地区岩石破碎、风化程度深，易成为泥石流固体物质的补给源；沟谷的长度较大、汇水面积大、纵向坡度较陡，可为泥石流流通提供条件；水文气象因素可直接为泥石流提供水动力条件。

2.1.2.3 泥石流对管道安全的危害特征

（1）暴发突然性

泥石流常常在短时间内突然暴发，难以预测。

（2）时间短暂性

一场泥石流历时短暂，过程一般仅几分钟到几十分钟，但会给山地环境带来灾变。

（3）高速流动性

由于混合了大量固体物质，泥石流的流动速度极快，一般为 2～6m/s，最大可达 13～14m/s。

（4）能量巨大且破坏力强

泥石流流动过程中可携带巨大的石块，冲撞力非常大，常常会带来很大的危害：摧毁沿途的建筑物、道路和植被，造成严重的人员伤亡和财产损失。

（5）季节性强

我国的泥石流主要集中在 6～8 月份降雨季节。

（6）冲刷力和淘蚀力强

冲刷力和淘蚀力强，会大幅度削减管道埋深，甚至导致管道外漏，从而威胁管道安全。

2.1.3 地面塌陷

2.1.3.1 地面塌陷的形成机制

地面塌陷是地表岩土体在自然或人为因素作用下，向下陷落并在地面形成塌陷坑的一种地质现象。地面塌陷形态多样，如圆形、长条形、椭圆形、漏斗形等。地面塌陷对油气管道的危害形成机制，涉及地质、水文和人为等多种因素的相互作用，主要通过以下 4 种方式破坏管道结构、增加运行风险。

（1）土体失稳、土体结构被破坏

如地下空洞扩展和土壤液化。地下空洞扩展是因采矿、岩溶塌陷或地下水位下降而造成土体支撑力丧失，形成塌陷坑，使管道下方悬空，最终导致管道弯曲或断裂。土壤液化是地震或强降雨使饱和砂土液化，承载力骤降，导致管道下沉或侧移。

（2）管道变形

塌陷区与非塌陷区沉降不均，管道受拉压应力，焊缝开裂或管体屈曲（如“象脚”变形）。

（3）外部荷载作用

如地表荷载增加：塌陷后回填不实，车辆碾压或建筑荷载传递至管道，引发局部压溃。又如塌陷冲击：突发性塌陷（如岩溶塌陷）产生冲击力，直接砸伤管道或导致接口泄漏。

（4）次生灾害连锁效应

如管道悬空与振动：塌陷后管道悬空段在风、水流或内压作用下振动，加速疲劳裂纹扩展。又如腐蚀加剧：塌陷区积水或土体化学性质变化（如酸性增强），加速管道外腐蚀等。

2.1.3.2 地面塌陷的影响因素

地面塌陷主要包括采空区塌陷和岩溶塌陷。

采空区塌陷的影响因素主要有地质因素、岩层特性、地质构造、地下水文条件、采矿开采参数、地表覆盖层情况等。

岩溶塌陷的影响因素主要有可溶岩及岩溶发育程度、覆盖层厚度、结构和性质、地下水运动。

（1）可溶岩及岩溶发育程度

岩溶洞隙发育的可溶岩是岩溶塌陷的基础条件。我国发生塌陷活动的可溶岩除部分地区为晚中生界、第三系、第四系富含膏盐芒硝或钙质的砂泥岩、灰质砾岩及盐岩外，主要是古生界、中生界的石灰岩、白云岩、白云质灰岩等碳酸盐岩。碳酸盐岩的岩溶类型分为 3 种：裸露型岩溶——碳酸盐岩基本上直接出露地表，没有或者很少被第四系松散沉积物覆盖；覆盖型岩溶——碳酸盐岩大部分被第四系松散沉积物覆盖，覆盖率一般在 70%以上，仅局部出露地表，覆盖层厚度一般小于 30mm，最厚不超过 100mm；埋藏型岩溶——碳酸盐岩被很厚的第四系松散沉积物或其他非可溶岩覆盖，埋藏深度达数十米以上。大量实践表明，岩溶塌陷主要发生在覆盖型岩溶和裸露型岩溶分布区，部分分布在埋藏型岩溶分布区。

除可溶岩性和岩溶类型外，碳酸盐岩的岩溶发育程度和岩溶洞穴的开启程度也是决定岩溶塌陷的直接因素。从岩溶塌陷的形成机理看，可溶岩洞穴一方面造成岩体结构的不完整，形成局部不稳定地带；另一方面为容纳溶蚀陷落物质和地下水的强烈活动提供了充分条件。因此，一般情况下，可溶岩的岩溶发育程度越高，岩溶洞隙的开启程度越好，岩溶塌陷就越严重。

（2）覆盖层厚度、结构和性质

岩溶塌陷除发生在裸露型岩溶分布区外，还广泛发生在覆盖型岩溶分布区。这种塌陷不仅仅是覆盖在第四系松散堆积物下面的可溶岩洞穴的陷落，有相当数量的塌陷是由溶洞和上覆土层中土洞陷落造成的。除此以外，覆盖层情况还影响地下水活动，对岩溶塌陷也产生一定的影响。因此，覆盖层是影响岩溶塌陷的重要因素。

覆盖层厚度对岩溶塌陷的形成具有决定性作用。据大量调查统计结果，覆盖层厚度小于10m时塌陷发生的机会最多，10～30m可发生少量塌陷，30m以上可发生零星塌陷。

（3）地下水运动

地下水运动是塌陷产生的主要动力。地下水的流动及其水动力条件的改变是岩溶塌陷形成的重要动力因素。地下水径流集中和强烈的地带最易产生塌陷，这些地带包括：

① 岩溶地下水的主径流带；

② 岩溶地下水的（集中）排泄带；

③ 地下水位埋藏浅、变幅大的地带（地段）；

④ 地下水位在基岩面上下频繁波动的地段；

⑤ 双层（上为孔隙、下为岩溶）含水介质分布的地段，或地下水位急剧变化的地段；

⑥ 地下水与地表水转移密切的地段。

地下水位急剧变化带是塌陷产生的敏感区，水动力条件的改变是产生塌陷的主要触发因素。水动力条件的急剧变化会使岩土体平衡状态遭到严重破坏，诱发岩溶塌陷。

水动力条件发生急剧变化的原因主要有降雨、水库蓄水、井下充水、灌溉渗漏、严重干旱、矿井排水、强烈抽水等。此外，地震、附加荷载、人为排放的酸碱废液对可溶岩的强烈溶蚀等均可诱发岩溶塌陷。

2.1.3.3 地面塌陷对管道安全的危害特征

地面塌陷主要分为自然塌陷和人为塌陷两大类。自然塌陷主要发生在岩溶地区，多发生在石灰岩、白云岩等可溶岩分布区（如西南地区、华北奥陶系岩溶区）。岩溶结构上方土体受自然或人为因素影响而变形破坏，会在地面形成塌陷坑、洞、槽等，并伴有裂缝、局部下沉或有地下水从地面向上涌出等特征。在建设期，管沟采用石方回填，回填层长期遭受地下水侵蚀，也会诱发岩溶塌陷。岩溶塌陷会导致管道上方覆土流失，造成管道埋深不足、露管，严重时甚至造成管道悬空。

地面塌陷对管道危害的发育特征如下。

（1）潜育期特征

① 土体弱化。指地下空洞（如岩溶、采矿采空区）逐渐发育，土体承载力缓慢下降，管道下方形成潜在悬空区，土壤微裂隙扩展，管道地基发生毫米级年沉降（如岩溶区年均沉降 3～5mm）。

② 隐蔽性破坏。指防腐层因微小变形出现局部剥离，但无明显泄漏，管道应力集中区（焊缝、弯头）开始积累疲劳损伤。

（2）发育期（加速破坏阶段）特征

① 突发性塌陷（岩溶塌陷、暴雨诱发塌陷）。一般为土体失稳，塌陷坑快速形成（数小时至数天），管道悬空长度骤增。

② 渐进性塌陷（采矿塌陷、地下水位下降）。一般塌陷范围以每年数米的速度扩展，管道持续受差异沉降影响，年变形量达 10～30cm。

③ 管-土摩擦加剧。防腐层大面积破损（如鄂尔多斯某管道因塌陷年均腐蚀速率达 0.5mm）。

（3）稳定期（灾后平衡阶段）特征

① 塌陷坑固结。塌陷区土体重新压实，沉降速率＜2mm/a。

② 残余风险。管道悬空段因振动疲劳可能发生滞后断裂。塌陷区积水会引发长期电化学腐蚀（如点蚀速率达 0.1mm/a）。

2.2 特殊土类灾害

特殊工程地质性质是指岩土具有特殊的物质成分、结构、构造和物理力学性质。容易产生工程地质灾害的特殊岩土较多，主要有湿陷性黄土、软土、膨胀土、红黏土、盐渍土、泥炭土、冻土、人工填土等。它们的工程地质性质千差万别，但具有承载力低、物理力学性质不稳定、容易因环境改变而变形失稳等共同特点。特殊土类灾害（黄土湿陷、膨胀土胀缩、冻土冻胀融沉、盐渍土盐胀溶陷和风蚀沙埋）因其独特的物理力学性质，会对油气管道的安全运行构成显著威胁。其危害机制主要包括物理破坏、化学腐蚀和力学失稳三个方面。

2.2.1 黄土湿陷

2.2.1.1 黄土湿陷的形成机制

黄土以粉粒和亲水性弱的矿物为主，具有大孔结构，天然含水率小，具有黏粒的强结合水联结和盐分的胶结联结，在干燥时可以承担一定荷载，且变形程度不大；但浸湿后，土粒联结显著减弱，会引起土体结构破坏，产生湿陷变形、突然下沉，管道下方土体流失，形成悬空段，引发管道弯曲应力集中甚至断裂。局部湿陷会导致管道纵向拉裂（如焊缝处）或横向剪切破坏。黄土湿陷从成因上可分为自然和人为诱发，它们造成的经济损失也相当严重，且人为诱发的湿陷有逐渐增多趋势。

造成黄土湿陷原因主要有三种：

① 黄土的力学性质从内部改变，黄土在浸水及外部荷载作用下，剪应力超过抗剪强度，从而发生湿陷。

② 黄土内部受浸水湿化作用，土壤自身摩擦力降低，外部扰动作用诱发湿陷。

③ 黄土内部结构发生崩解，使黄土颗粒间胶结强度弱化，颗粒间相对迁移，并伴随小颗粒进入大间隙。同时由于颗粒间胶结被水溶解，在外部扰动作用下其强度已难以维持平衡，进而造成土体结构损坏。

2.2.1.2 黄土湿陷的影响因素

黄土湿陷对油气管道的危害受土体性质、水文条件、管道工程特性及外部触发因素的综合影响，具体因素如下。

（1）孔隙比

黄土的孔隙比越大，颗粒间联结越弱，湿陷性越显著。

（2）结构

黄土的大孔隙和松散的排列结构容易被水破坏，导致湿陷。

（3）黏粒含量与胶结物质

若胶结物（如碳酸盐）含量少或遇水易溶，会降低结构稳定性。

（4）天然含水率

天然含水率越低，吸水后变形越剧烈，湿陷性越强。

（5）压力

外部压力增大时，土体更易在浸水后被压缩沉降。

（6）浸水时间

浸水时间延长，水充分渗透破坏颗粒间胶结，湿陷量增加。

（7）形成年代与地质历史

较新的黄土（如马兰黄土）结构疏松，湿陷性强；老黄土因长期压实而湿陷性降低。

（8）可溶盐含量

黄土中的可溶盐（如 NaCl、$CaCO_3$）被溶解后，骨架支撑力减弱，加剧湿陷。

（9）湿陷系数

湿陷系数 $\delta_s > 0.015$ 为湿陷性黄土；$\delta_s > 0.07$ 为强湿陷性，下沉量可达数十厘米。

（10）压缩性

高压缩性黄土在湿陷后可能引发持续沉降。

2.2.1.3 黄土湿陷对管道安全的危害特征

黄土湿陷对油气管道的危害具有突发性、隐蔽性和累积性，其发育过程受土体性质、水文条件和工程因素共同控制。黄土湿陷的典型发育特征如下。

（1）潜伏期（缓慢积累）

水分缓慢入渗：降雨、灌溉或管道泄漏导致水分逐渐渗入黄土层，但尚未达到湿陷临界含水率。

（2）触发期（突发湿陷）

① 水分达到饱和临界点：当黄土含水率超过塑限（ω_p）时，胶结物质（如碳酸钙）溶解，大孔隙结构崩塌。

② 突发下沉：湿陷量可达 10～50cm，管道下方土体流失，形成悬空段。

（3）发展期（持续变形）

① 不均匀沉降：湿陷范围扩大，管道出现波浪形变形，焊缝或防腐层受拉应力破坏。

② 次生灾害：悬空段在风振或内压作用下振动疲劳，加速裂纹扩展。

（4）破坏期（结构失效）

① 管道断裂：弯曲应力超过管材屈服强度（如 X80 钢管极限应变约为

0.5%)，导致泄漏或爆炸。

② 土体冲刷：泄漏流体冲刷地基，引发二次塌陷。

(5) 灾害链效应

单点湿陷→管道悬空→应力集中→断裂泄漏→地基冲刷→更大范围塌陷，形成正反馈循环。

2.2.2 膨胀土胀缩

2.2.2.1 膨胀土胀缩的形成机制

膨胀土中含有较多亲水矿物蒙脱石、伊利石等黏土矿物，亲水性很强，是一种浸水后体积剧烈膨胀、失水后体积显著收缩的黏性土。土体膨胀时，地表隆起，膨胀力（P_s）可达50～300kPa，足以顶起浅埋管道，给建筑物、构筑物带来安全隐患，轻则开裂倾斜，重则破坏倒塌。

2.2.2.2 膨胀土胀缩的影响因素

膨胀土胀缩对油气管道灾害的影响因素主要分为内在因素和外界因素。

(1) 内在因素

① 黏土矿物成分。膨胀土中含有大量的亲水性黏土矿物，如蒙脱石和伊利石等。这些矿物具有很强的吸水性，吸水时晶层间距扩大，导致体积膨胀；失水时晶层收缩，引发土体收缩。

② 微观结构。这些矿物成分在空间上的联结状态也会影响膨胀土胀缩性质。经对大量不同地点的膨胀土扫描电镜分析得知，面-面连接的叠聚体是膨胀土的一种普遍的结构形式，这种结构比团粒结构具有更大的吸水膨胀和失水收缩能力。

(2) 外界因素

① 水分变化。土体含水率的变化是触发膨胀土胀缩行为的主要原因。当土体吸水时，黏土矿物吸水膨胀；失水时则收缩。气候和地下水位的变化会导致土体含水率反复增减，从而诱发胀缩变形。

② 气候干湿循环。长期降雨或干旱导致的干湿循环会加剧土体的反复吸水和失水，进一步加剧胀缩效应。

③ 土的结构状态。膨胀土的初始密实度、裂隙发育程度等结构特征也会影响水分迁移速度及胀缩幅度。裂隙多的土体更容易快速吸水或失水。

2.2.2.3 膨胀土胀缩对管道安全的危害特征

(1) 不均匀变形导致管道应力集中

① 竖向胀缩。膨胀土吸水膨胀时产生隆起力，管道受压；失水收缩时土体

下沉，管道受拉。反复胀缩循环会导致管道局部弯曲或接头脱开。

② 横向差异位移。土体胀缩性在空间上分布不均（如含水率差异），可能引发管道横向扭转变形，尤其在长距离管线中易形成应力集中区，最终导致焊缝开裂或管体屈曲。

（2）管道-土体接触面失效性

① 土体裂隙发育。干旱时膨胀土收缩形成垂直裂隙，雨水沿裂隙下渗加剧局部膨胀，造成管道周边土体支撑力不均，可能引发管道悬空或侧向位移。

② 摩擦阻力变化。在膨胀过程中，土体与管壁之间的摩擦系数增大，可能限制管道自由变形；收缩时土体松动，管道在外部荷载（如内压）下更易发生滑移。

（3）灾害发育的渐进性与季节性

① 累积损伤。多次干湿循环后，管道变形累积超过材料疲劳阈值，表现为环向裂纹、涂层剥落或腐蚀加速。

② 雨季-旱季周期性。灾害多发于季节性气候区，如雨季后土体膨胀隆起、旱季收缩沉降，灾害显现具有滞后性。

（4）典型灾害类型

① 接口泄漏。法兰或焊接接头因差异位移而松动。

② 局部屈曲。管道在膨胀压力下发生径向失稳，多见于埋深较浅的管段。

③ 腐蚀加速。涂层因土体变形而破裂，地下水与管体接触引发电化学腐蚀。

2.2.3 冻土冻胀融沉

2.2.3.1 冻土冻胀融沉的形成机制

冻土冻胀融沉形成机制的核心在于水分迁移-冰透镜体生长-管道力学响应3个耦合过程：

（1）水分迁移

当管道周围土体温度降至冻结点以下时，未冻区水分向冻结锋面迁移（热力学势差驱动），在管道底部或侧向形成冰透镜体。

（2）冰透镜体生长

水结冰后体积增大9%，冰透镜体持续生长产生冻胀力（可达数百千帕），垂直方向表现为抬升力，水平方向形成侧向挤压。

（3）管道力学响应

① 非冻胀。因管道导热性优于周围土体，其下方冻深常小于两侧，导致差异冻胀（如“管道中心隆起”形态），引发弯曲应力。

② 约束冻胀。埋设于高塑性冻土（如黏性土）中的刚性管道可能因冻胀力超过管材屈服强度而发生环向开裂或焊缝断裂。

2.2.3.2 冻土冻胀融沉的影响因素

（1）土的条件

包括土的粒度成分、矿物成分、化学成分和密度等，其中最主要的是土的粒度成分。大的冻胀通常发生在细粒土中，其中粉质亚黏土和粉质亚砂土中的水分迁移最为强烈，因而冻胀性最强。黏土的土粒间孔隙太小，水分迁移有很大阻力，冻胀性较小。砂砾，特别是粗砂和砾石，由于颗粒粗、表面能小，冻结时一般不产生水分迁移，所以不具有冻胀性。细砂冻结时，水产生反向（即向未冻土方向）转移，出现排水现象，也不具有冻胀性。在天然情况下，黏土粒度常是粗细混杂的，当粉黏粒（粒径小于 0.05mm）含量高于 5%时，便具有冻胀性。冻土的矿物成分对冻胀性也有影响：在常见的黏土矿物中，高岭土的冻胀量最大，水云母次之，蒙脱石最小。冻土中的盐分也影响冻胀，通常可在冻土中加入可溶盐削弱冻胀，以消除土的冻胀。土的密度对冻胀的影响较为复杂。

（2）水的条件

并非所有含水的土冻结时都会产生冻胀。只有当土中的水分超过某一界限值后，土的冻结才会产生冻胀。这个界限即为该土的起始冻胀含水率。当土体含水率小于其起始冻胀含水率时，土中有足够的孔隙容。根据有无水分的补给，可以将冻胀分为两种情况：封闭系统冻胀，在冻结过程中没有外来水分补给，冻胀形成的冰层较薄，冻胀也较小；开敞系统冻胀，在冻结过程中有外来水分补给，冻胀形成的冰层厚，产生强烈的冻胀。纳未冻水和冰，冻结时不会产生冻胀在天然情况下，水分补给主要来源于大气降水和地下水。秋末降水多，冬季土的冻胀量就大，地下水位越浅，土的冻胀量也越大。

（3）温度条件

土体开始冻胀时的温度，称为起始冻胀温度，其值略低于该土的起始冻结温度。当温度低于起始冻胀温度时，冻土中未冻水继续冻结成冰，土体仍有冻胀。当温度继续降低至某一值时，在封闭系统中未冻水结成冰的数量可忽略不计，土体不再冻胀，该温度值称为停止冻胀温度。黏土的停止冻胀温度为－10～－8℃，亚黏土为－7～－5℃，亚砂土为－5～－3℃，砂土为－2℃左右。冻结速度对冻胀也有影响：冷却强度大时，冻结面迅速向未冻部分推移，未冻部分的水来不及向冻结面迁移就在原地冻结成冰，无明显冻胀；冷却强度小时，冻结面推移慢，未冻水克服沿途阻力后部分凝结成冰，在外部水源补给下，冻结面向未冻部分推移越慢，形成的冰层越厚，冻胀也越大。

（4）压力条件

增加外部荷载能降低土体中水的起始冻结温度，增加冻土中的未冻水含量，同时影响引起冻结时水分迁移的抽吸力，减少向冻结面的水分迁移量，从而减小冻胀。抑制黏性土的冻胀需要极大的压力，在实践中很难做到。

（5）管道技术参数条件

① 管材与刚度。刚性钢管（如 X80）易受弯曲应力而被破坏，柔性管道［如聚乙烯（PE）］可通过变形缓解部分应力。

② 埋设深度。浅埋管道（<2m）受地表温度波动影响大，深埋管道可能触及多年冻土上限融沉区。

③ 输运介质温度。高温原油（>0℃）持续散热会加速周围冻土退化，低温天然气（<－10℃）可抑制融沉，但会加剧冻胀。

（6）气候条件

① 气温。温度波动幅度与频率越大，昼夜或季节性温差越大，冻融循环次数也就越多（如青藏高原年冻融循环可达 20 次），管道疲劳损伤累积越快。

② 降水与积雪。夏季降雨增加冻土上限处含水率；冬季积雪厚度>30cm 时因保温作用延缓冻结，加剧不对称冻胀。

（7）水文地质

① 地下水位。高水位区水分补给充足，冰透镜体发育更显著（如俄罗斯雅库特地区的管道因地下水位高导致冻胀力超 500kPa）。

② 地表径流。融雪或降雨形成的地表径流冲刷管道覆土，导致局部热侵蚀和融沉坑。

2.2.3.3　冻土冻胀融沉对管道安全的危害特征

冻土冻胀融沉对油气管道的灾害发育具有季节周期性、空间差异性、长期累积性等特点，其破坏模式随冻土类型、气候条件和管道结构的不同而变化。

（1）季节周期性

① 冬季（冻胀期）。土体冻结，水分迁移形成冰透镜体，管道受不均匀冻胀力作用，可能发生上拱变形或侧向挤压。典型现象：管道法兰螺栓拉长、焊缝开裂。

② 夏季（融沉期）。冻土融化，土体强度降低，管道因差异沉降而发生下沉、悬空或侧向滑移。典型现象：管道悬跨、接口泄漏。

（2）空间差异性

包括纵向差异性和横向差异性。纵向差异性主要表现见表 2-1。

表 2-1 纵向差异性表现

冻土类型	主要灾害	典型表现
高含冰量冻土	强冻胀+强融沉	管道大变形、断裂
少冰冻土	弱冻胀+弱融沉	局部变形、涂层破损
高温冻土（接近0℃）	快速融沉	突发沉降、悬空

横向差异性主要表现在：①管道两侧冻胀不对称，由于日照、覆土厚度或土质差异，单侧冻胀力更大，导致管道横向弯曲；②热影响区差异，高温输油管道下方融化的范围大于两侧，形成“锅底状沉降”，使管道中部下沉。

（3）长期累积性

每年多次冻融循环导致管道材料疲劳，微小变形累积，最终引发脆性断裂或应力腐蚀开裂。多年冻土退化，在气候变暖背景下，冻土上限下移，融沉范围扩大，管道地基稳定性持续恶化（如青藏高原部分管道年沉降速率>5cm/a）。

2.2.4 盐渍土盐胀溶陷

2.2.4.1 盐渍土盐胀溶陷的形成机制

盐渍土（盐渍化土）对油气管道的危害主要源于其盐胀（低温结晶膨胀）和溶陷（遇水溶解塌陷）特性。

（1）盐胀

盐胀的形成机制涉及物理化学作用与力学响应的耦合过程，具体可分为以下两个过程。

① 盐分结晶膨胀过程（低温驱动）。盐渍土中的易溶盐主要为氯盐、亚氯盐以及亚硫酸盐。其中钠盐如 NaCl、Na_2SO_4 等的危害性最大。

a. 硫酸钠（Na_2SO_4）主导型盐胀。当温度低于 32.4℃时，Na_2SO_4 从溶液中析出为芒硝（$Na_2SO_4 \cdot 10H_2O$），体积膨胀约 311%，产生巨大的结晶压力（2～6MPa）。

b. 碳酸钠（Na_2CO_3）与氯化钠（NaCl）。虽然膨胀率较低，但反复溶解-结晶仍可导致土体结构松散化。

② 管道力学响应过程

a. 非均匀盐胀力。盐渍土中盐分分布不均，导致管道受差异抬升力，产生弯曲应力（类似冻胀作用）。破坏形式：焊缝开裂、法兰螺栓拉长或断裂。

b. 侧向挤压。盐结晶在管道侧向土体中生长，可能引发环向屈曲。

（2）溶陷

主要发生在 NaCl 盐渍土中。盐渍土中的可溶盐遇水后发生溶解，加上受到环境温度的影响，土颗粒之间的胶结作用减弱，原本由可溶盐胶结形成的土壤结构遭破坏，导致土颗粒间的连结力降低，孔隙增大，盐结晶骨架消失，土体压缩性增强，从而引发土体的溶陷。

2.2.4.2 盐渍土盐胀溶陷的影响因素

（1）盐胀的影响因素

① 含盐种类与含盐量。以硫酸盐（如 Na_2SO_4）为例，结晶时体积膨胀（如 $Na_2SO_4 \cdot 10H_2O$ 体积增大约 311%），盐胀性强；硫酸盐含量＞0.5%时盐胀显著，＞2%时危害剧增。

② 温度。在 0～30℃间反复结晶-溶解，可引发周期性胀缩。日间高温促使盐分溶解，夜间低温引发结晶膨胀。

③ 土壤湿度和含水率、密实度。高孔隙率土体更易吸盐、排水，加速盐分迁移与结晶。水位上升时盐分溶解（溶陷），水位下降时盐分结晶（盐胀）。粉土、粉质黏土比砂土更易发生盐胀和溶陷。

④ 管道自身因素。如埋深、材质等。浅埋管道（＜1.5m）更易受地表盐胀溶陷的影响。高刚度钢管比柔性 PE 管更易因土体变形而发生脆性断裂。

（2）溶陷的影响因素

① 可溶盐的性质、含量。氯化物（如 NaCl）盐渍土的吸湿性强，其中的氯化物易溶解导致土体结构破坏，溶陷显著。硫酸盐渍土含盐量＞1%时，溶陷风险明显升高；氯化物盐渍土含盐量＞3%时，溶陷系数显著增大（$\delta_s > 0.015$）。

② 盐分赋存形态。

a. 结晶盐：以晶体形式存在于孔隙中，溶解后直接导致孔隙塌陷。

b. 胶结盐：与土颗粒胶结形成结构强度，溶解后土体强度骤降。

③ 水的径流条件地下水位。突发性强降雨或灌溉会导致大量淡水入渗，溶解盐分并引发快速溶陷。地下水位上升（如雨季）会增大土体饱和度，促进盐分溶解。地下水位频繁波动（如灌溉区）可导致“溶解——再结晶”循环，加剧结构破坏。排水不畅区域，溶解盐分的溶液滞留在土中，长期软化土体结构。

④ 浸水时间。

a. 短期溶陷：强降雨或突发性注水导致盐分快速溶解，数小时至数天内发生溶陷。

b. 长期溶陷：地下水缓慢溶解盐分，数月至数年内累积沉降（如干旱区输水管道沿线年均溶陷 1～3cm）。

2.2.4.3 盐渍土盐胀溶陷对管道安全的危害特征

（1）动态循环性

动态循环性具有季节性周期发育的特点。

① 盐胀活跃期（秋冬低温季）。温度＜32.4℃时 Na_2SO_4 结晶膨胀，管道日均抬升速率可达 0.5～2mm/d。典型表现：法兰螺栓拉伸变形，管体环向裂纹。

② 溶陷活跃期（春夏湿润季）。降雨/融雪后盐分溶解，管道沉降速率可达 3～10mm/次降水事件。典型表现：悬跨段振动疲劳，接口错位等泄漏。

（2）长期累积性

盐-冻复合灾害（寒区盐渍土）年冻融循环＋盐胀溶陷循环叠加，管道年变形量积累达 5～15cm。材料性能退化，盐结晶压力导致 3PE 防腐层剥离速率加快 3～5 倍。Cl^- 渗透引发应力腐蚀开裂（SCC），裂纹扩展速率提高 2～3 个数量级。

（3）环境耦合性

① 气候变暖影响。干旱区盐分富集：蒸发量增加→表层盐分浓度提升→盐胀潜力增大。

② 极端降水事件。单次降雨＞50mm 时可能触发瞬时溶陷。

③ 人类活动干扰。灌溉渗漏会使地下水位上升 2～3m，溶陷范围扩大 3～5 倍。施工时，开挖会破坏盐壳保护层，加速盐分垂向迁移。

2.2.5 风蚀沙埋

2.2.5.1 风蚀沙埋的形成机制

风蚀沙埋是沙漠、戈壁及干旱区油气管道面临的主要地质灾害，其形成机制涉及风沙动力学作用、环境协同作用及管道结构响应的复杂相互作用。

（1）风沙动力学作用

① 风沙流冲击剥蚀。风速＞6m/s 时，粒径为 0.1～0.5mm 的沙粒以 10°～30°的入射角冲击管道表面，造成管道防腐层磨损（年均磨损量可达 0.2～0.5mm/a）、管体局部减薄（塔里木沙漠管道实测年蚀损率为 0.12mm/a）。

② 涡旋掏蚀。管道背风侧形成卡门涡街，加速基底细颗粒流失，导致悬空（悬空＞30cm 时诱发涡激振动）。

（2）环境协同作用

① 干湿交替。沙尘吸附盐分（如 NaCl）后，湿度变化会加速电化学腐蚀（腐蚀速率提高 3～5 倍）。

② 温度应力。昼夜温差＞40℃的地区，管道热胀冷缩与风蚀协同引发疲劳裂纹。

（3）管道结构响应作用

① 风蚀致悬空段＞8m 时，1～3Hz 涡激振动可使应力幅值达 150MPa（超

过 X70 钢疲劳极限）。

② 局部屈曲。非对称沙埋导致弯矩超标。

③ 材料性能退化。磨蚀-腐蚀协同作用，风沙磨损、破坏钝化膜后，腐蚀速率从 0.05mm/a 骤增至 0.3mm/a。

2.2.5.2 风蚀沙埋的影响因素

（1）地形地貌

地形地貌是影响风蚀沙埋的重要因素之一。在沙漠、戈壁等地形中，土壤颗粒在风力作用下容易发生悬移、跃移和蠕移，其中悬移方式的土壤损失最为明显，对油气管道等基础设施的危害最大。

（2）气候条件

干旱、多风的气候条件会加剧风蚀沙埋现象。昼夜温差大、太阳辐射强烈等气候因素会促进土壤的物理风化，形成大量的砂和粉砂物质，进一步增大风蚀沙埋的威胁。风力风速对腐蚀速率也有较大影响。

（3）植被覆盖

植被的覆盖情况对风蚀沙埋有显著影响。植被稀少的地区更容易遭受风蚀沙埋，而植被覆盖较好的地区则能有效减少风蚀沙埋的发生。

（4）土壤性质（沙粒性质）

土壤、沙粒的颗粒大小、湿度和紧实度等因素也会影响风蚀沙埋的程度。细小、松散且干燥的土壤更容易受到风蚀。

（5）人类活动

人类活动如过度放牧、不合理灌溉等也会加剧土地沙漠化，进而影响风蚀沙埋的发生和发展。

（6）管道敷设方式及管道埋深的变化

风蚀沙埋会导致管道埋深变化，可能使管道外露或悬空，影响管道的安全运行。

（7）管道防腐耐磨层的材质及老化速度

管道外围温度、湿度变化会使防腐层老化，增加管道腐蚀的风险。同时材质不同，腐蚀速度有较大差异，如无防护钢管年磨损为 0.3～0.8mm/a，聚氨酯涂层可降低至 0.05mm。

2.2.5.3 风蚀沙埋对管道安全的危害特征

（1）短时突发性

强风沙天气可在数小时内造成管道局部悬空（悬空速率可达 10～20cm/h）或突发性沙埋（埋深可达 0.5～1m/次沙尘暴）。

（2）季节周期性

① 风季（3～5 月）：以风蚀作用为主，日均磨蚀量 0.05～0.15mm。

② 旱季（6～9 月）：沙丘移动加速，管道年掩埋量 1～3m。

（3）管道轴向差异性

① 管道迎风面：磨蚀量是背风面的 3～5 倍。

② 管道背风面：易形成涡流掏蚀区（掏蚀速率较迎风面高 30%）。

2.3 水毁灾害

2.3.1 水毁灾害的形成机制

（1）水力冲刷造成管道暴露、悬空

① 河床、边坡侵蚀。洪水、泥石流等导致管道埋设区域的土层被冲刷，覆盖层减薄，管道逐渐暴露甚至悬空，失去支撑。

② 涡流掏蚀。高速水流在管道周围形成涡流，持续掏空基础土壤，导致管道局部悬空段过长，在自重和内压作用下发生弯曲、断裂。

（2）滑坡与崩塌

强降雨诱发边坡滑移，油气管道受横向土压力挤压变形或剪断。

① 液化效应。饱和砂土在地震或洪水作用下液化，管道因地基失效而下沉或上浮。

② 差异沉降。局部水土流失导致管道支撑不均，产生附加应力，引发焊缝开裂。

（3）浮力作用与管道上浮

① 水位骤升。淹没区管道若未充分配重或锚固，受浮力影响脱离埋设位置，导致弯曲、连接处泄漏。

② 空管风险。停输或未充水的管道更易上浮。

（4）冲击破坏与机械损伤

① 漂流物撞击。洪水携带树木、岩石等撞击暴露管道，造成管道凹陷或穿孔。

② 泥石流磨蚀。高含砂水流磨损管道防腐层，加速腐蚀。

（5）管道腐蚀加速

① 电解质环境变化。水淹后土壤湿度、盐度升高，或防腐层破损，引发电

化学腐蚀（如点蚀、应力腐蚀开裂）。

② 杂散电流。洪水可能改变地下电流分布，加剧腐蚀。

（6）影响监测

水毁可能造成监测设施损坏，或者未能实时监测水位、应变或悬空段，延误处置时机。

2.3.2 水毁灾害的影响因素

水毁灾害对油气管道的破坏程度受多种因素综合影响，主要可分为地形地貌因素、灾害强度因素、环境地质因素、管道自身因素和人为管理因素五大类。

（1）地形地貌因素

在斜坡坡度较大、坡长较长的地段，水流速度快，冲刷能力强，容易导致管道周围的土体流失，进而威胁管道安全。特别是当管道穿越陡坎地段时，松散土体容易受到降雨和地表径流的冲刷，形成冲蚀沟，导致管道上覆土体流失、变薄，甚至被掏空，出现露管现象。

（2）灾害强度因素

降雨是水毁灾害发生的主要诱发因素。在降雨量充沛的地区，特别是降水集中在特定季节时，水流对管道的冲刷作用会显著增强。此外，降雨还可能导致土壤含水率增加，降低土壤强度，使土体更易于被水流冲刷。

（3）环境地质因素

土壤性质也对水毁灾害的发生和危害程度有重要影响。松散、吸水性差、胶结程度差的土壤易于发生坡面水毁。这类土壤在水流冲刷下容易流失，导致管道埋深不足或外露。植被覆盖在一定程度上可以减少水毁灾害的发生。植被能够加固表土，减少水土流失，同时消减水动能，降低水流对管道的冲刷作用。

（4）管道自身因素

① 管道本体。管道的壁厚、材质和管径大小都会影响水毁灾害对油气管道的破坏程度。如薄壁管更易发生屈曲破坏，X80 钢比 X60 钢抗变形能力更强，口径＞1m 的管道更容易受浮力影响。

② 敷设方式。浅埋管道易被冲刷暴露。

③ 运行状态。空管比充满油的管道更易上浮。

（5）人为管理因素

人为管理因素也是导致水毁灾害对管道造成危害的重要原因。如管道设计时未避开历史洪水频发区、管道建设时的斜坡开挖、管沟回填不密实、坡形改变、未在关键点位安装实时冲刷监测设备、人工河道挖沙活动、人工施工作业活动等都可能使管沟成为斜坡水流的汇流路径，增加坡面水毁的发生概率。同时，周边堆积的滑坡土体也可能对管道造成直接威胁。

因此，在管道建设和运营过程中，应充分考虑上述因素，采取相应的工程治理措施和风险控制措施。

2.3.3 水毁灾害对管道安全的危害特征

2.3.3.1 坡面水毁对管道安全的危害特征

（1）冲刷管道覆土

坡面水毁会导致降雨在坡面汇流，形成强大的侵蚀和挟带能力，从而冲刷管道上方的覆土。这种冲刷作用会使管道上覆土体流失、变薄，甚至完全暴露，对管道的安全构成严重威胁。此外，如果管道下方的土体被冲刷掏空，还会导致管道悬空，增加管道断裂和泄漏的风险。

（2）破坏管道附属设施

坡面水毁还会冲毁管道的挡土墙、截水墙等附属设施。这些设施是保护管道免受水土流失等灾害的重要屏障，一旦被破坏，将使管道处于更加危险的环境中。

（3）影响管道稳定性

坡面水毁引起的水土流失和管道附属设施的破坏，会进一步影响管道的稳定性。管道可能会因为周围土体的变形和位移而发生弯曲、拉伸或压缩破坏，严重时甚至会出现断管等危险情况。

综上所述，坡面水毁对管道的危害是多方面的，在管道设计和维护过程中，应充分考虑坡面水毁等地质灾害的风险，并采取相应的风险控制措施和工程治理措施来确保管道的安全运行。

2.3.3.2 河沟道水毁对管道安全的危害特征

（1）河沟床冲刷下切

河沟床长期处于冲淤交替的动态变化中，当冲刷占据主导地位时，河沟床将持续下切，增加河沟道的切割深度。河沟床冲刷下切普遍发育，多发生于陡倾斜平原区、山间沟道、山麓等地带。河沟床冲刷下切会导致管道埋深不足或局部出露，严重情况下，管道会出现长距离悬空、变形、扭曲甚至断裂，严重威胁管道运营安全。

（2）河沟床淤积抬升

当淤积占据主导地位时，河沟床会持续抬升，降低河沟道切割深度。河沟床淤积抬升多发生于缓倾斜细土平原区、盆地中部、泥石流堆积区等地带。由于地形平缓，河沟道纵比降小，水流缓慢，良好的沉积环境使得河沟床不断淤积、抬升。这不仅会淤埋阴极保护测试桩等管道附属设施，而且会威胁跨越段管道的安全。

(3）岸坡坍塌

河沟道受自然摆动影响，两侧岸坡坍塌发育普遍，且规模不等。在涡旋水流长期侧蚀、掏蚀、潜蚀等综合作用下，凹岸多呈陡坡、陡坎、陡崖状，重力侵蚀进一步加剧岸坡失稳，导致坍塌、崩塌、滑坡等次生地质灾害。岸坡坍塌主要发育于低中山区和河沟谷地带，严重威胁长输管道穿越段、跨越段、顺岸坡敷设段及其附属设施等的安全。

综上所述，河沟道水毁对管道的危害特征表现为冲刷下切导致管道悬空、变形，淤积抬升导致管道附属设施被淤埋，以及岸坡坍塌威胁管道穿越段和附属设施的安全。这严重影响着管道的运营安全，因此需要采取有效的防护措施来减少水毁灾害的发生。

2.3.3.3 台田地水毁对管道安全的危害特征

台田地水毁一般发生在台阶式田地的陡坎部位，管道穿越这些地段的松散土体时，容易受到降雨和地表径流的冲刷，进而在地表形成冲蚀沟。这会导致管道上覆土体流失、变薄，出现露管现象。在管道与陡坎距离较近的情况下，土体的严重流失可能会掏空管道上覆土体，进一步加剧露管现象。

由于台田地的整体坡度较缓，台田地水毁灾害对管道的危害主要表现为水土流失、露管或者破坏陡坎处的管道护坡工程，但其潜在风险仍不容忽视。若台田地水毁不断发展扩大，可能会对管道造成更大的危害。例如，当管道敷设段的台田地由地表水的下渗形成地下径流或沿管沟形成暗流时，易发生水毁、潜蚀、塌陷等破坏，这会使管道发生长距离的悬管或挤压弯曲变形，严重时可能造成断管。

此外，部分台田地水毁还会威胁到站场、阀室、管道沿线附属设施以及伴行路等的安全。因此，对于台田地水毁灾害的防治工作应予以高度重视，及时采取工程防护措施消除隐患。

2.4 地质构造类灾害

2.4.1 地质构造类灾害的形成机制

地质构造类灾害，如地震、断层活动、地滑等，对管道的破坏形成机制复杂多样，主要形成机制如下。

（1）地震

地震对管道的破坏机制主要表现为地震波的传播导致土体的整体性和连续性被破坏，如断层错动、地裂、滑坡、砂土液化等，这些现象会使管道及其辅助设施受损。地震波的传播还会对已腐蚀的或焊接质量差的薄弱管段造成破坏，或引发次生灾害，如油气管道爆裂、动力供应中断等。地震还可能造成管道不均匀下沉，使地基失去支撑力，管道悬空，轴向承受的拉力增大。

（2）断层活动

断层活动对管道的破坏主要体现在断层错动导致的管道物理损害。断层错动时，管道可能会受到剪切力、拉伸力或压缩力的作用，导致管道壁产生裂纹、断裂或屈曲变形。

（3）地滑

地滑灾害发生时，地表土壤或岩石在斜坡上失稳，导致地层滑动或坍塌，管道可能被埋入滑坡中或遭受地面移动的影响，从而发生物理损害。此外，地滑还可能引起管道移位，破坏原有的管道结构，导致管道段之间的脱节或在地表上形成明显的管道偏移。

不同类型的地质构造类灾害对管道的破坏机制有所不同，但通常都涉及土体的力学行为变化、管道材料的力学性能以及管道与土体之间的相互作用。因此，在管道设计和选址时，应充分考虑地质构造因素，采取合理的抗震、抗滑等措施，以降低地质灾害对管道安全的影响。同时，加强管道的日常巡查和维护，及时发现和处理潜在的地质灾害隐患，也是确保管道安全运行的重要措施。

2.4.2 地质构造类灾害的影响因素

地质构造类灾害对油气管道系统的危害程度受到多种因素的综合影响，主要包括地质灾害的类型与强度、管道铺设方式与结构特征、地质环境条件等。

（1）灾害类型与强度

① 灾害类型。地震、滑坡、崩塌、断层活动等不同灾害的作用方式不同，例如，断层剪切对管道破坏最直接，而滑坡则以拉应力和弯曲破坏为主。

② 灾害强度。地震震级、滑坡体积、断层活动速率等直接决定了灾害的破坏力，灾害强度越大，对管道产生的变形、拉伸、剪切作用越强烈。

（2）管道铺设方式与结构特征

① 埋深与埋设方式。埋深较浅的管道更容易受到地表变形的影响：明管、浅埋管、跨越结构的风险高于深埋或加固管道。

② 结构特征。钢管的强度、柔性、抗剪性能等影响其抵抗地质灾害的能力；

管道直径越大，惯性越大，对形变越敏感。焊接接头常为薄弱环节，质量差的易在灾害中先失效；柔性连接或防震结构可有效降低破坏风险。

(3) 地质环境条件

① 地质结构稳定性。靠近活动断层、褶皱带或岩溶区，以及构造应力集中区更容易发生结构破坏。

② 土壤和岩性特征。软弱地层（如黏土、砂土）容易滑动或沉陷；坚硬岩层对断层活动反应敏感，剪切力传递速度更快。

③ 地下水活动。高含水率地带更容易诱发地裂缝或滑坡；地下水流动也可能加速管道腐蚀，降低其强度。

2.4.3 地质构造类灾害对管道安全的危害特征

(1) 地震及断层错动引发直接破坏

活动断裂带区域作为地壳表层的薄弱环节，对长输管道的稳定性构成直接威胁。地震活动及断层错动可导致管道周边土体的完整性与连续性遭受破坏，表现为地裂缝、滑坡等现象，进而对管道施加挤压、拉伸或剪切等外力，造成管道结构变形、破裂或功能失效。

(2) 管道不均匀沉降与悬空

地震作用下，管道基础可能发生不均匀沉降，甚至出现悬空现象。当悬空长度超过临界值时，管道在多重应力作用下可能产生裂纹甚至断裂。对于刚性接口的管道或与水平管段相连的垂直管段，此问题尤为突出。

(3) 次生灾害的潜在风险

活动断裂不仅直接威胁管道安全，还可能诱发次生灾害，如油气管道破裂引发的火灾、爆炸及环境污染等。这些次生灾害将对人员、财产及环境造成重大损害。

(4) 维护与安全运营的挑战

活动断裂带区域的岩体破碎，稳定性差，给管道的日常维护和安全运营带来严峻挑战。在断裂带附近进行管道巡护和维修时，工作人员面临较高的安全风险。同时，由于断裂带的复杂性，管道的检测和监测工作也更为困难。

因此，在长输管道的设计与选址阶段，必须充分考虑上述影响，并采取相应的工程措施和防护措施以降低风险。

2.4.4 地震对管道安全的危害特征

(1) 直接破坏

地震波在传播过程中对管道系统产生的振动和冲击效应，是导致管道结构损坏的主要原因。此类损坏的程度受到地震烈度、管道材料特性、地基条件以及管道敷设方向与地震波传播方向的相对位置等多种因素的综合影响。地震可能引发地表错动、破裂，使管道承受较强的压缩或拉伸作用，导致管道错断、拉断或出现褶皱屈曲。此外，地震波在土体中的传播也会破坏管道及其辅助设施，如已腐蚀的或焊接质量差的薄弱管段可能因地震波的作用而被损坏。

（2）地基失稳

地震造成的地基失稳是长输管道面临的另一大威胁。地震诱发的砂土液化现象可能导致管道基土发生沉陷，进而引起管道出现悬空或不均匀沉降问题。特别是在软土地层或液化土壤区域，砂土液化对管道的稳定性和安全性构成严重威胁。此外，当管道悬空长度超过临界值后，在多重应力作用下，管道材料可能失效，产生裂纹甚至被拉断。

（3）次生灾害

地震引发的次生灾害也可能对长输管道造成严重影响。地震还可能引发塌方、岩体崩塌、深层土体滑坡等次生灾害，这些灾害可能直接或间接地对管道造成破坏。例如，塌方和岩体崩塌可能直接压垮管道，而深层土体滑坡则可能导致管道被埋没或受到挤压变形，导致管道爆裂或泄漏。油气泄漏不仅会造成环境污染，还可能引发火灾、爆炸等事故，造成严重的人员和财产损失。

（4）运营中断

地震对长输管道的破坏还可能导致运营中断。管道断裂、泄漏等故障需要紧急抢修，而地震造成的交通中断、电力中断等可能会给抢修工作带来困难。此外，地震还可能影响管道控制系统的正常运行，导致管道无法远程监控和操作。

（5）隐性危害

主要包括疲劳损伤和腐蚀加速两方面。疲劳损伤是指地震后管道虽未立即断裂，但反复振动导致微裂纹扩展，后续运行中可能突发失效。腐蚀加速是指防腐层破损后，地震区高湿度、盐碱环境会加速电化学腐蚀或应力腐蚀。

综上所述，地震对管道系统的破坏特征包括地震波引起的管道结构损坏、地表错动和破裂对管道的直接影响、砂土液化引起的管道基土沉陷和悬空问题，以及地震引发的次生灾害对管道的破坏等。为了确保管道系统在地震中的安全性，必须采取相应的抗震设计和防护措施。

第3章 油气管道风险评价基础理论

3.1 理论研究背景、意义和目的

3.1.1 理论研究背景

自 20 世纪中叶以来，随着全球工业化和城市化的快速发展，油气管道作为重要的能源输送通道，其安全问题日益受到重视。特别是在地质灾害频发的背景下，如何评估和管理油气管道的地质灾害风险，已成为国内外学者研究的热点。

在美国阿拉斯加州地震与日本新潟地震等自然灾害的影响下，油气管道的地质灾害风险评价受到了广泛的关注。研究人员通过地质学角度深入研究山洪、泥石流、地震等自然灾害对管道工作状态的影响，以优化管道的设计与安装，并减少自然灾害对管道安全的影响。例如，日本神户大学的高田至郎教授通过弹性地基上连续梁的分析方法，建立了受沉降作用管道的简化分析模型，为油气管道的地质灾害风险评价提供了科学依据。

随着现代科技的发展，大数据、云计算、互联网等技术的应用为油气管道的地质灾害风险管理提供了新的思路。通过建立地质灾害监测及预警系统，可以实时监控地面位移、土壤湿度、地震波等参数，及时发现并预警地质灾害风险，从而有效减少可能的损害。

此外，油气管道地质灾害风险管理也强调全生命周期的管理理念。从可行性研究、初步设计、施工设计、竣工验收到运营管理的每一个环节，都需要有针对性地做好地质灾害的预防和应对措施。这包括但不限于建立应急响应体系、提升法律意识、加强与沿线政府和社区的沟通协作。

油气管道地质灾害风险管理是一个复杂的系统工程，需要多方面的技术和管理策略相结合。随着科技的进步和管理理念的更新，未来的研究将更多地聚焦于如何有效利用现代技术提高风险管理的效率和准确性，以及如何在保证安全的前提下优化管道的设计和运营。

3.1.2 理论研究意义

在全球能源供应网络中，油气场站及其管道系统扮演着关键角色，不仅是能源输送的大动脉，也是经济发展的命脉。然而，频繁发生的地质灾害给这些基础设施带来了巨大的威胁，可能导致油气泄漏、环境污染等严重后果，危及人民的生命财产安全和环境的可持续发展。因此，深入研究油气管道地质灾害风险，对于保障能源安全和环境保护具有至关重要的作用。

首先，对油气管道地质灾害的风险进行全面评估是首要任务。通过系统分析，可以评估地质灾害对现有油气管道的潜在威胁，如地震、滑坡、泥石流等，这些地质灾害的发生可能会对管道系统造成破坏，影响能源的正常供应。例如，滑坡和泥石流等地质灾害会削弱土壤对管道的支撑作用，增加管道的机械强度和稳定性风险。

其次，建立有效的风险管理策略是保障油气行业可持续发展的关键。针对不同类型的地质灾害，可以制订相应的预防措施和应急响应计划。例如：在地震频发区，可以通过增强管道的抗震设计来降低地震对管道的影响；在多雨地区，可以加强管道的防洪措施，以防止水灾对管道的破坏。

再次，应用现代科技手段，如 GIS 和大数据分析，可以提高风险评价和管理的效率和准确性。通过 GIS 技术，可以精确地定位地质灾害的位置和分布，结合大数据分析，可以预测地质灾害的发展趋势和可能的影响范围，从而提前采取措施，减少地质灾害带来的风险。

最后，加强跨部门和跨学科的合作，是提升油气管道地质灾害风险管理水平的有效途径。地质灾害不仅涉及地质学、气象学等自然科学领域，还涉及工程学、社会学等多个学科。通过跨部门合作，可以整合各方面的资源和智慧，形成合力，共同应对地质灾害带来的挑战。

综上所述，通过深入研究油气管道地质灾害风险，并采取有效的风险管理措施，不仅可以保障能源供应的安全和经济的稳定发展，也有助于减轻地质灾害对环境和人类生活的影响，实现人与自然和谐共生的可持续发展目标。

3.1.3 理论研究目的

① 围绕地质灾害高易发区的监测方案、施工及运营期的注意事项、地质灾害风险区划的基本方法和原则以及全球地质灾害对油气管道的影响等方面展开研究。

② 详细了解地质灾害高易发区的监测方案，包括但不限于地质灾害线路路由专项调查、防治工程的勘查与设计以及应急安全预案的制订。目的在于提前识别潜在的地质灾害风险，制订相应的预防和应对措施，确保施工和运营期间的安全。

③ 详细讨论地质灾害风险区划的重要性和基本方法。通过对地质灾害风险程度的区域分布、自然条件和社会经济条件的综合考量，将划分出不同的亚区或区域，以便于更加精准地识别和评估地质灾害的空间变化特点及区域规律。这种区划工作对于制订科学合理的监测方案和防护措施具有重要意义。

④ 探讨全球地质灾害对我国油气管道的影响。考虑到我国油气管道的长度和所跨越的复杂地形，特别是地震带上的特殊地理位置，将详细分析地震等自然灾害对油气管道的潜在威胁，以及可能造成的破坏程度，从而为安全防护措施的制订提供科学依据。

⑤ 对地质灾害风险区划后的各区管道风险等级、地质灾害的危险性和易损性的主要影响因素进行详细描述。这一部分的内容将帮助相关部门和机构更好地理解地质灾害的不确定性和复杂性，为风险管理和决策提供重要的参考信息。

⑥ 旨在为地质灾害高易发区的油气管道监测、设计、施工及运营提供全面、系统的指导和建议，以最大程度地降低地质灾害带来的风险和损失。

3.2 油气管道地质灾害风险评价理论概述

3.2.1 风险评价叙述

地质灾害风险评价是一个系统的过程，涉及对潜在地质灾害的识别、评估以及管理策略的制订，以保障管道建设的安全性和可靠性。这个过程的核心在于全面理解地质灾害对管道系统的影响，包括可能诱发的地质灾害以及管道本身可能遭受的地质灾害危害。

地质灾害风险评价是一个包括风险识别、风险评价、风险区划和风险控制的全过程管理过程。通过这一系列的步骤，可以有效地识别和评估地质灾害风险，并制订相应的管理措施，以保障管道建设的安全性和可靠性。

风险识别是评价的第一步，通过野外调查来发现管道地质灾害的各种明显和潜在的风险。这一步骤的目的是明确可能影响管道安全的地质灾害类型及其发生的概率。

风险评价环节对地质灾害的发生概率及其对管道系统可能产生的危害和程度进行定性或定量的描述。这个过程通常包括两个部分：风险概率评价和失效后果评价。风险概率评价主要是对地质灾害发生的可能性进行评估，而失效后果评价则侧重于评估地质灾害发生后可能对管道系统造成的影响程度。

在此基础上，地质灾害风险区划通过考虑区域的自然条件和社会经济条件，以地质灾害风险程度的区域分布为依据，将地质灾害风险水平相近的地区划分为同一亚区或区，以此来揭示地质灾害的空间变化特点及区域规律。

风险控制是地质灾害风险评价的重要组成部分，涉及对识别和评价出的风险采取相应的管理措施，包括但不限于在管道设计方案优化和决策过程中考虑地质灾害风险，以及对拟定的管道路沿线进行地质灾害风险的识别、评价和控制。风险控制的目标是提出有效的应对措施和具体的解决方案，以最小化地质灾害对管道建设的影响。

3.2.2 管道地质灾害识别论述

3.2.2.1 断层、地裂缝

断层和地裂缝是在地质形成过程中由地壳的相互挤压、造山运动、火山、地震和人类活动等引起地层错断破裂而形成的（图 3-1 至图 3-3）。

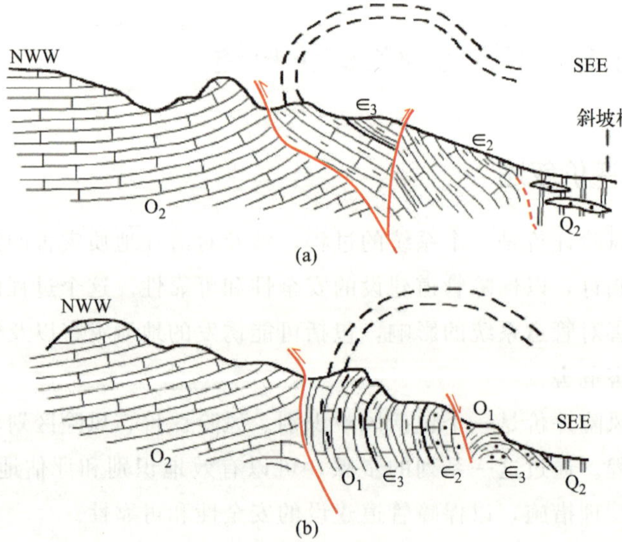

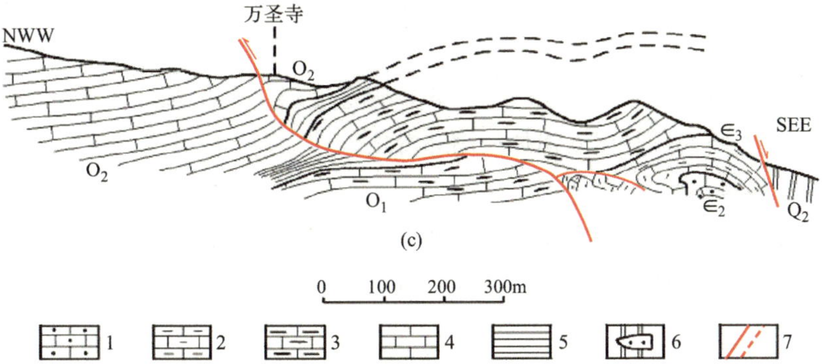

图 3-1 断裂构造剖面图

（据：北京大学和国家地震局地震地质大队资料）

1—鲕状灰岩；2—泥质条带灰岩；3—燧石团块白云质灰岩；4—灰岩；5—泥岩；6—红色土；7—断层

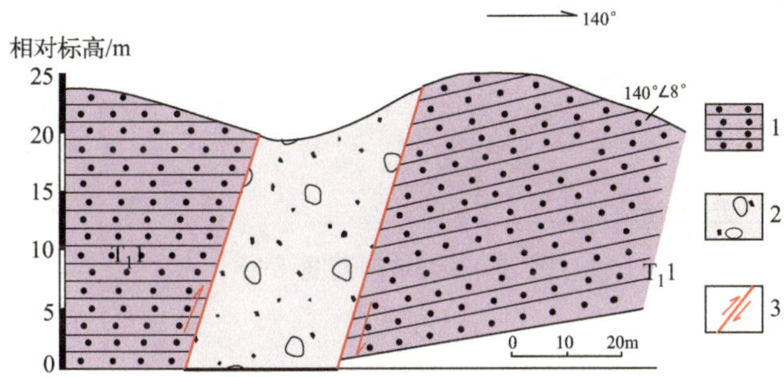

图 3-2 断层剖面图

1—砂岩；2—断层破碎带；3—逆断层

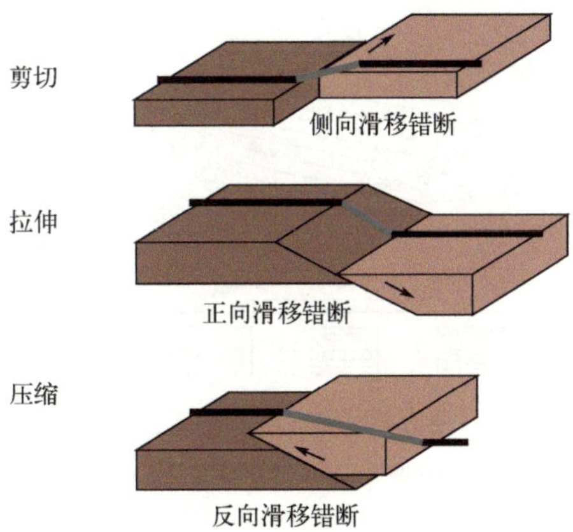

图 3-3 地层错断破裂

断层描述包括断层类型（正断层、逆断层和平移断层）、断层走向和倾向、断距。

断层对管道的危害：断层滑动会导致管道变形（包括拉伸变形和挤压变形）和剪切破坏；断层容易引发山体崩塌和滑坡。

3.2.2.2 滑坡

滑坡指斜坡上的岩体或土体，受地下水和地表水的影响，在重力作用下，沿着滑动面所作的整体下滑运动（图 3-4、图 3-5）。

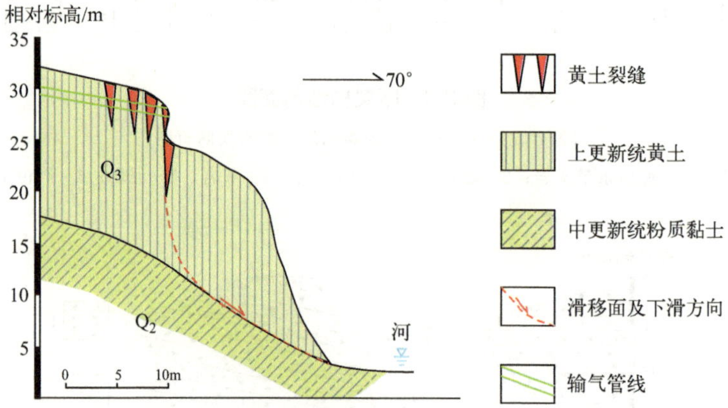

图 3-4 滑坡剖面图（1）

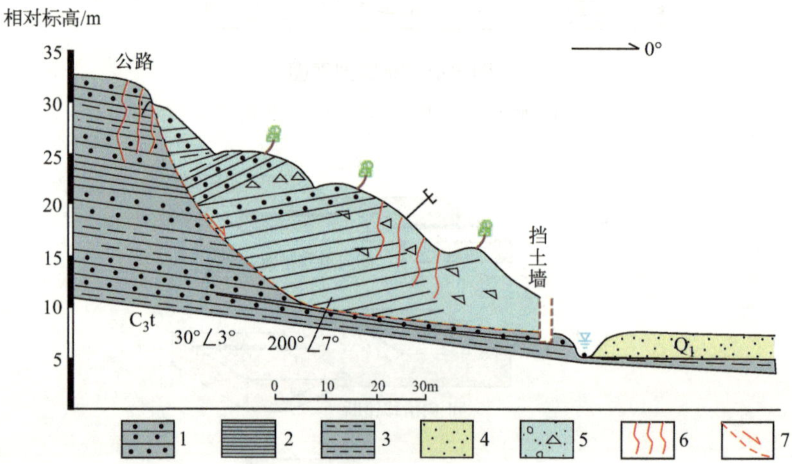

图 3-5 滑坡剖面图（2）

1—砂岩；2—页岩；3—泥岩；4—砂卵石；5—滑体松散物；6—张裂缝；7—滑移面及下滑方向

（1）滑坡的分类

① 根据物质成分可分为黄土、黏土、碎屑和基岩滑坡。

② 根据岩性和构造可分为顺层面、构造面和不整合面滑坡等。

③ 根据滑坡体厚度可分为浅层（数米）、中层（数米至 20m）和深层（20m 以上）滑坡。

④ 根据触发原因可分为人工切坡、冲刷、超载、饱水、潜蚀和地震滑坡等。

⑤ 按年代可分为新、老、古滑坡。

⑥ 按运动形式可分为牵引滑坡和推动滑坡。

(2) 滑坡的形成

滑坡的形成主要包括两方面的因素：滑坡岩体结构和外部诱因。岩体结构包括岩性组成和构造裂隙；外部诱因包括降雨、降雪和人类活动等。滑坡的形成和发展大致可分为蠕动变形阶段、滑动阶段和停息阶段，掌握滑坡的形态特征、发生发展机制和分布规律，可以为滑坡的判别、预报和防治提供依据。

滑坡会引起管道变形，甚至导致管道破坏，如图 3-6 所示。

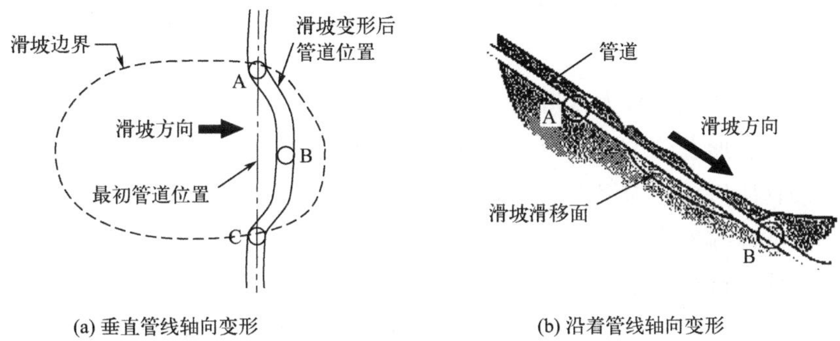

图 3-6 管道在滑坡作用下的变形特征

3.2.2.3 黄土湿陷及冲沟

① 黄土湿陷性指黄土遇水浸湿后，突然发生沉陷的性质。

② 黄土的化学成分以 SiO_2 为主，其次为 Al_2O_3、CaO 和 Fe_2O_3 等。黄土的物理性质表现为疏松、多孔隙，垂直节理发育，极易渗水，且有许多可溶性物质，很容易被流水侵蚀形成沟谷，也易造成沉陷和崩塌。

③ 黄土颗粒之间结合不紧，孔隙度一般为 40%～50%。

④ 黄土湿陷及冲沟的发生机理：在水力作用下黄土失去自承力，并在重力作用下形成陷穴，在水力冲刷作用下形成冲沟。

⑤ 对管道的危害性：黄土湿陷容易造成管道悬空，当悬空长度超过允许量后会造成管道断裂破坏；黄土冲沟可造成管道暴露、悬空和外力损伤。

3.2.2.4 泥石流

泥石流指产生于山区沟谷中或山坡地上的，含有大量松散固体碎屑的、不均质的特殊洪流，具有突然爆发、历时短暂、来势凶猛、破坏力大等特点，是山区常见的一种地质灾害。

泥石流的形成必须同时具备 3 个条件：

① 流域内有丰富的、松散的固体物质。

② 流域内谷坡陡、沟床比降大。

③ 沟谷的中上游区有暴雨洪水或冰雪融水和湖泊、水库决溃等提供充分的水源。

在断裂构造发育、地震频发、降水集中、水土流失严重的山区，以及古冰川发育、现代冰川活跃的高山地区易形成泥石流。在时间上，泥石流多产生于数年干旱后，或人类不合理开发山地后的多雨暴雨年份，或气候转暖、冰川衰退、积雪消融、冻土解冻的年份。泥石流是高浓度的固、液两相流，固体物质含量30%～80%，流体容重为 $1.5\sim2.3t/m^3$。固体物质的多少、成分、补给方式决定了泥石流的性质、类型和规模。

泥石流有多种分类方式：

① 按形成特点可分为冰川型、降雨型泥石流。

② 按沟谷形态分为沟谷型、山坡型泥石流。

③ 按物质组成分为泥石流、泥流、水石流。

④ 按结构-流变特征分类，可分为稀性泥石流、黏性泥石流、过渡性泥石流。

⑤ 按规模可分为小型（一次冲出固体物质量 $<1\times10^5m^3$）、中型（一次冲出固体物质量 $1\times10^5\sim5\times10^5m^3$）、大型（一次冲出固体物质量为 $5\times10^5\sim10\times10^5m^3$）和特大型（一次冲出固体物质量 $>10\times10^5m^3$）泥石流。

泥石流对管道具有很大的破坏性，可以冲刷覆盖层而使管道暴露，对管道产生很大的冲击力，造成管道变形破损（如图 3-7 所示）。

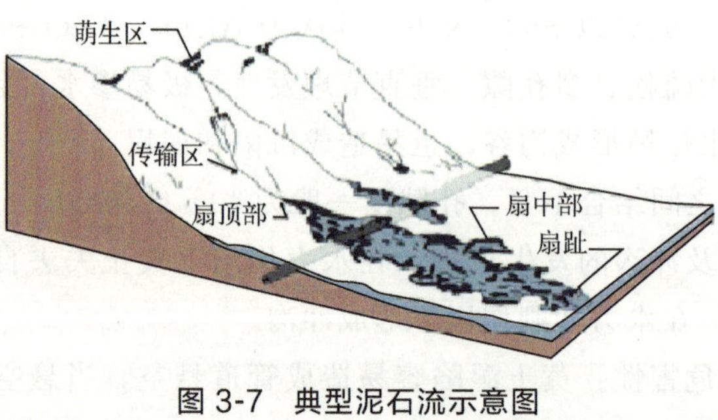

图 3-7　典型泥石流示意图

3.2.2.5　地震

① 地震对管道的影响主要是造成地层断裂和土壤液化（引起地层塌陷和滑

坡)。地震造成的地层错动可导致管道断裂失效。

② 地震造成的土壤液化是由于在振动状态下，孔隙水压力不断上升，有效应力下降，直至为零，土壤表现为完全的液体行为。

③ 地层液化判别方法：先确定地下水位和地层岩性，然后采用标准贯入法对地下水位以下的地层进行液化判别。

当饱和土标贯实测值 $N_{63.5}$ 小于标贯临界值 N_{cr} 时可判为液化，反之为不液化。

④ 震陷是地震引起的土地竖向残余变形，按形成机制不同可以分为构造震陷、液化震陷、软土震陷、黄土震陷及其他震陷。在地震作用下，土层变软，模量降低，进而产生震陷。

3.2.3 风险评价流程

3.2.3.1 总体流程

风险评价的总体流程见图 3-8。

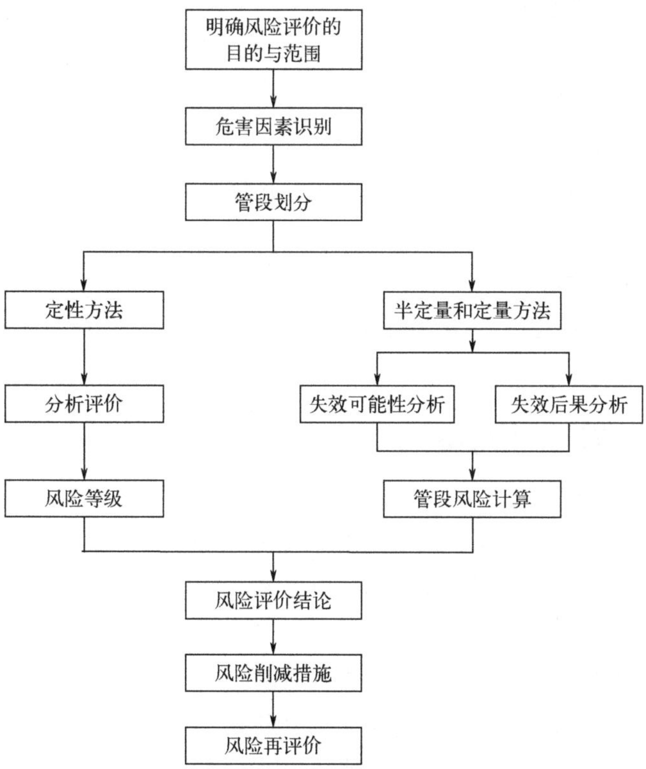

图 3-8 风险评价总体流程

3.2.3.2 危害因素识别

管道危害因素包括：①外腐蚀；②内腐蚀；③应力腐蚀开裂；④制管缺陷；⑤施工缺陷；⑥第三方破坏；⑦自然灾害与地质灾害；⑧误操作；⑨其他因素。

3.2.3.3 管段划分

进行风险评价时，应将管道划分为多个管段作为评价单元，通常根据管道属性进行划分，包括：①地区等级；②人口密度；③环境类型；④管材；⑤管径；⑥压力；⑦壁厚；⑧防腐层类型；⑨场站位置。

3.2.3.4 风险计算

对于定量和半定量评价，采用式(3-1)计算风险值：

$$R=PC \tag{3-1}$$

式中 R——风险值；

P——失效可能性；

C——失效后果。

对于定性评价，通过对危害因素的分析，得出风险等级。

3.2.3.5 风险评价结论

风险评价结论应包括管段风险排序、高风险管段分布、引起高风险的原因、风险减缓措施及建议。

3.2.3.6 风险消减措施

根据风险评价的结果提出风险减缓措施建议，并将所得数据反馈到风险评价流程中。

3.2.3.7 风险再评价

风险评价应定期进行，当管道或周边环境发生较大变化时，应进行风险再评价。

3.2.4 风险评价方法分类

3.2.4.1 定性评价

定性评价内容包括地质灾害易发性、管道易损性和管道失效后果的评价分级，根据灾害易发性、管道易损性和管道失效后果评价分级结果综合确定灾害风险等级。

灾害易发性、管道易损性和管道失效后果评价分级时可只划分为高、中、低三个等级，在评价风险等级时再划分为五个等级。滑坡、崩塌、泥石流、地面塌陷、河沟道水毁、坡面水毁、冻土冻胀融沉、黄土湿陷等灾害的易发性分级标准可参考表 3-1。管道易损性分级标准见表 3-2。管道失效后果分级标准见表 3-3。

根据灾害易发性评价分级、管道易损性评价分级和管道失效后果评价分级综合确定风险等级，风险分级划分为五个等级，分级标准见表 3-4。

表 3-1 地质灾害易发性分级

灾害类型	级别	分级依据
滑坡	高	① 滑坡前缘临空，坡度较陡且常处于地表径流的冲刷之下，有发展趋势并有季节性泉水出露，岩土潮湿、饱水； ② 坡体平均坡度大于 40°，坡面上有多条新发展的裂缝，地表附属物、植被有新的变形迹象； ③ 滑坡后缘壁上可见擦痕或有明显位移迹象，后缘有连续的裂缝发育
	中	① 滑坡前缘临空，有间断季节性地表径流，岩土体较湿，坡体平均坡度为 30° ~ 45°； ② 坡体平均坡度为 25° ~ 40°，坡面上局部有小的裂缝，地表附属物、植被无新的变形迹象； ③ 滑坡后缘壁上有不明显的变形迹象，后缘有断续的小裂缝发育
	低	① 滑坡前缘斜坡较缓，临空高差小，无地表径流和继续变形的迹象，岩土体干燥； ② 坡体平均坡度小于 25°，坡面上无裂缝发展，地表附属物、植被未有新的变形迹象； ③ 滑坡后缘壁上无擦痕和明显位移迹象，原有裂缝已被充填
崩塌	高	① 周边同类崩塌分布多，大多已发生； ② 崩塌体上部发育多条张性裂隙，主控裂隙面上宽下窄，且下部向外倾斜，裂隙内近期有碎石土掉落，底部岩体有压碎或压裂现象； ③ 崩塌体上部裂缝明显
	中	① 周边同类崩塌分布较少，有个别发生； ② 崩塌体上部发育少量横向裂隙，主控裂隙面上宽下窄，裂隙内近期有碎石土掉落，裂隙上部充填杂土，有杂草生长
	低	① 周边同类崩塌分布但均未发生； ② 崩塌破裂面直立，裂隙内无碎石土掉落现象，裂隙上部充填杂土，灌木年久茂盛； ③ 崩塌上方无新裂隙分布
泥石流	高	主沟中上游和主要支沟纵坡大，松散物源丰富，水流不畅，区域降雨强度大
	中	主沟中上游和主要支沟纵坡较大，松散物源较丰富，水流基本通畅，区域降雨强度中等
	低	主沟中上游和主要支沟纵坡小，松散物源少，水流通畅，区域降雨强度小
河沟道水毁	高	① 近期河床下切或岸坡侵蚀严重，河床下切深度超过 1m，岸坡出现连续垮塌； ② 河沟摆动迹象明显； ③ 河沟内堆积有大量磨圆度较差的块石，直径超过 50cm 的块石数量较多
	中	① 近期有河床下切或岸坡侵蚀现象，河床下切深度小于 1m，岸坡垮塌不连续且规模较小； ② 河沟有摆动迹象； ③ 河沟内堆积有磨圆度较差的块石但数量较少
	低	① 近期无河床下切或岸坡侵蚀现象； ② 河沟无摆动迹象

续表

灾害类型	级别	分级依据
坡面水毁	高	① 近期坡面水土流失严重，坡面可见大的冲刷沟，植被稀少； ② 1年内地貌改变明显； ③ 近期地表附属物出现显著变形或破坏现象
	中	① 近期坡面有水土流失现象，坡面分布有较小的冲刷沟，植被较多； ② 1年内地貌改变不明显
	低	① 近期坡面无水土流失现象； ② 1年内地貌无明显改变现象； ③ 近期地表附属物无显著变形迹象
冻土冻胀融沉	高	① 位于永冻土区，地下水和地表水补给丰富； ② 位于季节性冻土区，地下水和地表水补给丰富，冰冻线深度大于2.0m； ③ 地表出现显著的隆起或沉降现象； ④ 地表附属物出现显著变形或破坏现象
	中	① 位于永冻土区，地下水和地表水补给一般； ② 位于季节性冻土区，地下水和地表水补给一般，冰冻线深度小于2.0m； ③ 地表出现轻微的隆起或沉降现象； ④ 地表附属物出现轻微变形或破坏现象
	低	① 位于冻土区，但地下水和地表水补给较少； ② 地表无隆起或沉降迹象； ③ 地表附属物无变形及破坏现象
黄土湿陷	高	① 近期地表出现显著沉降或塌陷； ② 近期地表陷穴发育，形成串珠状的塌陷坑和潜蚀洞穴； ③ 近期地表附属物出现显著变形或破坏现象
	中	① 近期地表出现轻微沉降或塌陷； ② 近期有塌陷坑或孔洞出现，但规模较小； ③ 近期地表附属物出现轻微变形或破坏现象
	低	① 近期地表无沉降、塌陷或孔洞； ② 近期地表附属物无变形及破坏现象

表 3-2 地质灾害管道易损性分级

级别	分级依据
高	对管道的危害性大，如管道破裂或断裂，发生泄漏，或严重扭曲变形造成输油气中断。管道处于以下情况时可判定为此级： ① 在滑坡内部； ② 在崩塌落石块体可能直接冲击的区域； ③ 在泥石流流通区； ④ 位于地面塌陷区或潜在塌陷区内； ④ 存在管道悬空、漂浮、流水或石块冲击的可能； ⑤ 通过冻土、湿陷性土的影响区域

续表

级别	分级依据
中	对管道的危害性较大，如管道裸露、悬空、漂浮、变形及损伤等，可能引起介质少量泄漏，可以在不停输情况下补焊和事故处理。 管道处于以下情况时可判定为此级： ① 管道处在滑坡、崩塌影响区，泥石流堆积区； ② 管道发生露管和埋深严重不足； ③ 管道位于塌陷区和冻土、湿陷性土影响区边缘
低	对管道不构成明显危害，各种灾害影响到管道安全的可能性小

表 3-3　管道失效后果分级

级别	分级依据
高	影响大，灾害点附近有城镇、重要交通干线、河流、自然保护区等
中	影响较大，附近有村镇、居民点、溪流等
低	有少数零星居民

表 3-4　定性评价风险等级

风险等级	各类评价内容组合
高	（高，高，高）、（高，高，中）、（高，高，低）、（高，中，高）、（中，高，高）
较高	（高，中，中）、（高，中，低）、（中，高，中）、（中，高，低）、（高，低，高）、（高，低，中）、（中，中，高）、（中，中，中）、（低，高，高）、（低，高，中）
中	（高，低，低）、（中，中，低）、（低，高，低）、（中，低，高）、（中，低，中）、（低，中，高）、（低，中，中）、（低，低，高）
较低	（低，中，低）、（中，低，低）、（低，低，中）
低	（低，低，低）

注：括号里自左至右依次表示地质灾害易发性、管道易损性、管道失效后果评价的等级。

3.2.4.2　半定量评价

管道地质灾害风险半定量评价包括风险概率指数计算和失效后果等级（表 3-5）划分两部分，并用风险矩阵（表 3-6）表示风险等级。

表 3-5　失效后果等级划分

后果分类	后果描述				
	A	B	C	D	E
人员伤亡	无或轻伤	重伤	死亡人数 1～2	死亡人数 3～9	死亡人数≥10
经济损失	＜10 万元	10 万～100 万元	100 万～1000 万元	1000 万～1 亿元	＞1 亿元

续表

后果分类	后果描述				
	A	B	C	D	E
环境污染	无影响	轻微影响	区域影响	重大影响	大规模影响
停输影响	无影响	对生产有重大影响	对上/下游有重大影响	国内影响	国内重大或国际影响

表 3-6　风险矩阵

↑ 风险概率指数 |	高 ≥0.4 (≥0.2)	高	高	高	高	高
	较高 0.2~<0.4 (0.1~<0.2)	较高	较高	较高	较高	高
	中 0.1~<0.2(0.05~<0.1)	中	中	中	较高	较高
	较低 0.05~<0.1(0.01~<0.05)	较低	较低	中	中	中
	低	低	低	较低	较低	较低
	<0.05 (<0.01)	低	较低	中	较高	高
		A	B	C	D	E
	—失效后果等级→					

注：括号外的分级指数值中适用于滑坡、崩塌、泥石流、采空区塌陷、冻土等灾害，括号内数值适用于坡面水毁、河沟道水毁、台田地水毁、黄土湿陷、风蚀沙埋等灾害。

风险概率指数计算包括 5 个部分，以每部分的主要影响因素为评价指标，分别建立评价指标体系，每种灾害建立 5 组指标体系，并列出每个指标可能的存在状态。确定各指标的权重，指标对评价结果影响越大则取值越大，每组指标权重之和为 1；为每个指标的每个存在状态赋分，分数取值范围为 0～10，式(3-2)中，对灾害发生的可能性越有利则第 1 项（H）取值越高；对灾害防治效果越好则第 2 项（H'）取值越高；对灾害影响到管道的可能性越高则第 3 项（S）取值越高；对管道发生破坏的可能性越有利则第 4 项（V）取值越高；对管道保护效果越好则第 5 项（V'）取值越高。在地质灾害调查时，应调查每个指标的状态，读取各指标权重和指标状态的相应评分，按式(3-2) 计算风险概率指数。

$$P(R)=\frac{\sum_{i=1}^{n_1}u_{1i}w_{1i}}{10}\times\left(1-\frac{\sum_{i=1}^{n_2}u_{2i}w_{2i}}{10}\right)\times\frac{\sum_{i=1}^{n_3}u_{3i}w_{3i}}{10}\times\frac{\sum_{i=1}^{n_4}u_{4i}w_{4i}}{10}\times\left(1-\frac{\sum_{i=1}^{n_5}u_{5i}w_{5i}}{10}\right) \tag{3-2}$$

式中 n——各组评价指标体系中指标的个数；

u_i——各组评价指标体系中第 i 个指标所处状态的分值；

w_i——各评价指标体系中第 i 个指标的权重。

根据 PRDC 输油管道风险评价理论可知，风险是事故（失效）发生的可能性与其后果的乘积，用式(3-3) 表示：

$$R=PQ \tag{3-3}$$

式中 R——管段的风险；

P——事故发生的可能性；

Q——事故发生的后果。

风险评价方法是一种半定量的风险评价方法，失效事故发生的可能性及其后果均用一个相对数值表示，适用于长距离输油管道的线路部分。

引起管道失效的危害因素分为八大类，每一类危害引发失效事故的可能性计算见式(3-4)：

$$P_i=[a_i(FR)_i+(1.0-a_i)A_i]+H_i \tag{3-4}$$

式中 P——失效可能性；

F——可能引起危害 i 的因素；

R——可能阻止危害 i 的因素；

A——以前的评价结果；

a——对管道属性及状况的相关评价的可靠性；

H_i——危害 i 的失效历史（泄漏/破裂）或迹象；

i——危害因素，共八类，分别是外腐蚀（EC）、内腐蚀（IC）、应力腐蚀开裂（SCC）、制管缺陷（MAN）、机械损伤（MD），第三方破坏、施工缺陷（CON）、地质灾害（GEO）及地震（SEIS）。

失效后果 Q_j 是通过管道泄漏后果和管道破裂后果来估算的，后果主要取决于输送介质类型和管道位置。以有关机构公布的管道失效事件统计数据作为基准来计算失效所引起的管道破裂和泄漏的可能性。考虑三方面的后果：对人身安全的影响、对环境的影响以及经济损失。后果模型见式(3-5)：

$$Q_j=\sum_{k=1}^{3}\left[(P_{\mathrm{R/F}}Q_{\mathrm{R,K}}+P_{\mathrm{L/F}}Q_{\mathrm{L,K}})_{ij}\right] \tag{3-5}$$

式中 $P_{\mathrm{L/F}}$，$P_{\mathrm{R/F}}$——假定失效中管道泄漏或破裂的可能性；

$Q_{\mathrm{L,K}}$，$Q_{\mathrm{R,K}}$——假定泄漏或破裂事件所产生的后果；

k——所考虑的后果（对人身安全的影响、对环境的影响、经济损失），$k=1\sim3$。

3.2.5 风险数据收集

地质灾害风险数据的收集是进行有效风险管理的重要环节，涉及的方法主要包括现场调查、遥感技术、地质测绘等。

现场调查是获取地质灾害特征、分布、活动规律等第一手资料的基本方法。通过专业的地质调查团队，结合地层、地形、地貌等多方面的综合考察，可以全面了解地质环境的基本特征，为风险评价提供基础数据。

遥感技术作为一种非接触式的调查手段，通过卫星或飞机等方式获取地球表面的信息，具有覆盖面广、时效性强、分辨率高的特点，能迅速地获取大范围内的地质环境信息，尤其适用于对远离人烟、地形复杂的地区进行地质灾害监测和预警。

地质测绘作为传统且科学的方法，通过专业的测量装备和测量技术，精确地获取地质空间分布、地层结构、构造特征等数据，为地质灾害的精确评估和风险评价提供了重要的科学依据。

这些方法在实际操作中往往是相辅相成的，例如：在进行遥感技术分析时，常常需要结合现场调查的结果来提高数据的准确性；同时，在数据收集过程中，还会采用 GIS 和其他信息技术对所获取的数据进行整合和分析，以获得更为精确和全面的地质灾害风险评价结果。通过这些综合方法的应用，可以有效地识别和评估油气管道沿线的地质灾害风险，进而制定出相应的防治措施，确保油气管道的安全稳定运行。

3.2.6 风险数据处理技术

在油气管道运行过程中，为了确保安全和降低风险，需要通过先进的数据预处理技术对采集到的各类数据进行分析和处理。数据预处理是数据分析的关键步骤，包括数据清洗、数据整合、数据标准化等多个环节，每个环节都至关重要。

数据清洗是预处理的首要步骤，主要对采集的数据进行初步分析，去除不完整、错误或不相关的数据。例如，利用先进的算法和模式识别技术，自动识别出异常值或异常模式，然后将其从数据集中删除或更正，以确保后续分析的准确性。

数据整合是将来自不同来源、不同格式的数据进行有机结合，形成一个统一的数据视图。在油气管道的地质灾害风险评价中，可能需要整合来自传感器、摄像头等设备的数据，以及外部行业数据如气象、地质等信息。通过整合，可以得到一个全面的数据集，为后续分析提供一个综合的视角。

数据标准化是为了使数据满足特定的标准或范围，以消除数据量纲和不同单位带来的影响。例如，对于地理位置数据，可能需要将其换算为同一个坐标系统中；对于温度、压力等物理量，可能需要将其换算为同一个温度单位或压力单位。这样可以确保不同数据间的比较和分析具有可比性。

这些预处理后的数据将用于进一步的分析和决策支持。通过应用大数据分析、模式识别、预测模型等技术，可以有效地识别和评估油气管道在运行过程中可能遇到的各种风险，如泄漏、腐蚀、第三方破坏和地质灾害等，进而及时采取预防措施，降低潜在的安全风险。

综上所述，数据预处理技术是确保油气管道安全运行的重要环节。通过数据清洗、整合和标准化，可以将不同来源、不同格式的数据转化为有用的信息，为风险评价和管理提供科学的依据。

3.2.7 风险数据分析

在油气管道的地质灾害风险评价过程中，数据分析方法起着至关重要的作用。统计分析、回归分析、聚类分析等方法被广泛应用于此领域，以确保评估的准确性和有效性。

统计分析是评价工作的基础，包括收集、整理、描述和解释数据。通过统计分析，我们可以对大量数据进行描述性统计，如计算均值、中位数、标准差等，以了解数据的基本分布特征。此外，通过方差分析等方法，我们可以识别和比较各组数据之间的显著性差异，为后续的风险评价提供基础数据支持。

回归分析是评价工作中的重要工具之一，可帮助我们理解变量之间的关系。在地质灾害风险评价中，可以使用回归分析来建立地质灾害事件与影响因素之间的数学模型，如气候变化、地质结构等，以预测地质灾害发生的可能性及其可能造成的影响。

聚类分析作为一种分类的统计方法，可以帮助我们将数据根据相似性进行分组。在地质灾害风险评价中，聚类分析可以用来对不同地区的地质灾害风险进行分类，以识别出高风险区域和低风险区域，为风险管理和决策提供依据。

这些统计分析方法并非孤立使用，而是需要在具体的地质灾害风险评价过程中，根据实际情况灵活运用和综合考虑。例如，我们可以先通过统计分析对数据进行初步了解，然后利用回归分析来探究不同因素对地质灾害的影响，最后通过聚类分析将结果进行可视化，以便更好地理解和传达评估结果。

总之，在油气管道的地质灾害风险评价中，数据统计分析方法是不可或缺的。通过这些方法，我们可以更加科学、客观地评估地质灾害的风险，为风险管理和决策提供有力的支持。

3.3 油气管道地质灾害风险防控策略理论

3.3.1 防控策略理论

在考虑油气管道地质灾害风险防控策略时，必须将管理的全过程视为一个整体，从规划设计到运营管理的每个阶段都应考虑到地质灾害的潜在风险。

在设计阶段，应树立全生命周期的地质灾害防治理念，将风险识别、风险评价及风险控制作为设计方案优化的重要依据。通过运用现代科技，建立地质灾害信息系统，实现监测和预警预报工作的自动化。

在施工阶段，要建立应急响应体系，确保一旦发生灾害能迅速响应，包括组织、技术、物资和装备、责任等方面的快速反应能力。同时，提升企业的法律意识，加强与沿线政府、单位及居民的沟通和交流，提高灾害发生时的协同应对能力。

运营阶段的管理则需要对已经识别和评估的风险点进行持续监控，确保防治措施的有效性。建立健全地质灾害调查评价、治理后评价、防治工程持续评价体系，对低风险点也要进行严格监控，防止新的灾害发生。

此外，针对一些特殊地区，如河西走廊等，还需要加强信息联防体制建设，利用周边常住居民的信息反馈，弥补线性管理的盲区。灾害的初步控制能力建设也不可忽视，需要对现场存在的安全隐患、风险点进行全面的辨识分析，并制订及时有效的防护措施。

科研投入的加强也是提升地质灾害管理水平的关键，通过科学考察及研究，可以有效提高防治效果，并降低防治成本。最后，在治理工程中，要统筹考虑多个线性工程的安全，确保所有工程的安全并防止顾此失彼的情况发生。

综上所述，油气管道地质灾害风险防控策略需要从地质灾害的全生命周期管理入手，将现代科技手段与实际行动相结合，建立起一个全方位、多层次、立体化的防控体系，以最大程度地减少地质灾害带来的风险和损失。

3.3.2 防控措施研究

在油气管道的地质灾害风险管理中，我们需要综合应用工程措施、管理措施和技术措施，以确保油气管道的安全稳定运行。

工程措施是风险管理的基础，包括对地质条件的调查、评估以及相应的治理工作。在设计阶段，需要对管道沿线的地质构造、地层岩性、水文地质条件等进行详细的调研和分析，以识别潜在的地质灾害风险。在施工阶段，根据实际揭露的地质条件，进一步识别、评估地质灾害风险，并采取相应的治理措施，如加固处理、排水设施建设等，以减少地质灾害的发生概率和潜在影响。

管理措施是工程措施有效实施的保障。需要树立全生命周期的地质灾害防治理念，从可行性研究、初步设计、施工设计、竣工验收到运营管理的每一个阶段都要进行地质灾害的防治工作。此外，还要充分利用现代科技，如互联网、云计算、大数据等，建设地质灾害监测及预警预报系统，提高对地质灾害的实时监控和预警能力。同时，构建地质灾害应急响应体系，包括组织、技术、物资和装备、责任等体系，确保在地质灾害发生时能够快速、有序地进行应对。

技术措施是提升风险管理效能的重要手段。我们应当加强地质灾害危险性评估单位的资质管理，建立评估与终身负责的工作机制，确保评估结果的准确性和可靠性。另外，要增加地质灾害防治经费的投入，建立应急响应机制，强化管道巡检，确保能及时发现地质灾害隐患点。同时，成立抢维修队伍，利用先进可靠的技术装备及时消除安全隐患，确保各项防治保障措施有效落实。

通过上述措施的综合应用，可以最大限度地降低油气管道面临的地质灾害风险，确保油气管道的安全稳定运行。

3.3.3 风险管理理论

在面对油气管道地质灾害风险管理的任务时，必须认识到这是一个全方位的、系统的工作，涉及项目的设计、施工和运营的每一个阶段。

在设计阶段，需要将地质灾害风险管理的要求作为设计方案优化和决策的一个重要参考。这需要投入资金对拟定的管道路由沿线进行全面的地质灾害风险识别和风险评价。通过这种方式，我们可以对潜在的地质灾害进行早期的预测和评估，以便在设计阶段就能提出相应的风险控制措施和具体方案，从而最大限度地降低未来可能发生的风险。

地质灾害风险区划是在管道风险评价的基础上进行的，通过分析地质灾害风险程度的区域分布，结合区域的自然条件和社会经济条件，将相似风险等级的地区划分为同一亚区或区，以直观显示地质灾害的空间变化特点及区域规律，为风险管理提供更直观、更具体的支持。

总而言之，油气管道地质灾害风险管理是一个综合性的过程，不仅需要在项目的每个阶段都采取适当的风险控制措施，还需要充分利用现代技术手段，建立全面的地质灾害监测和应急响应体系，以确保油气管道的安全、稳定运行。

第4章 管道地质灾害风险评价方法体系

4.1 评价方法概述

4.1.1 核心目标与原则

4.1.1.1 核心目标

（1）风险量化

通过科学方法将地质灾害对管道的风险转化为可衡量的量化指标（如风险指数、发生概率），为决策提供数据支撑。比如利用层次分析法（AHP）或支持向量机（SVM）计算不同地段的风险等级，可以明确高风险点的具体风险值。

（2）空间定位

结合GIS空间分析技术，通过绘制1∶100000风险区划图，标注极高/高风险区域的具体位置（如顺向坡段、泥石流沟谷穿越段），将风险评价结果与地理坐标关联，实现风险的可视化与精准定位。

（3）动态预警

融合InSAR（合成孔径雷达干涉测量）地表形变监测、物联网传感器等技术，建立实时风险预警机制，对灾害发展趋势进行动态预测。

技术手段：设定形变量（如累计形变>30mm）或降雨阈值（如24h降雨量>50mm）触发预警，实现“监测-评估-响应”闭环管理。

4.1.1.2 核心原则

（1）科学性（数据驱动）

以多源数据（地质勘察、遥感解译、管道运行数据）为基础，采用统计模型（如证据权法）、机器学习（如SVM）等定量方法，减少对主观经验的依赖。

示例：通过历史灾害数据训练模型，验证AUC值（如SVM模型准确率达92.7%），确保评价结果的可靠性。

（2）工程适用性（可操作性）

方法设计紧密结合管道工程实际需求，注重成果转化（如路由优化、防护措施设计），避免理论与实践脱节。

实践导向：针对山区、平原等不同地貌单元，提供差异化技术方案（如山区采用“SVM＋GIS＋InSAR”组合，平原采用证据权法快速筛查）。

（3）前瞻性（技术迭代）

跟踪智能化技术前沿（如深度学习、数字孪生），预留技术升级接口，以满足地质灾害防治的长期需求。

发展方向：推动空-天-地-管多源数据实时融合，探索人工智能（AI）模型自主学习（如 Transformers 在灾害链预测中的应用），提升评价方法的适应性与先进性。

综上，核心目标聚焦“量化风险、定位隐患、动态预警”，核心原则强调“科学严谨、工程可用、前瞻创新”，二者共同构成管道地质灾害风险评价的方法论基础，确保评价体系兼具理论深度与实践价值。

4.1.2 方法发展历程

管道地质灾害风险评价技术的演进，始终伴随地质科学、信息技术与管道工程的交叉融合，其发展历程可划分为四个典型阶段，反映了从经验驱动到数据驱动、从定性分析到智能预测的方法论变革。

4.1.2.1 萌芽期（2000 年前：定性分析与经验主导）

（1）技术特征

① 核心逻辑：以现场勘查为基础，依赖专家经验进行风险识别，缺乏系统性量化方法。

② 数据来源：以人工地质调查、工程地质钻探（取样间距＞500m）、历史灾害事件统计为主。

③ 工具手段：采用手工绘制地质剖面图、简单统计表格（如灾害点台账）等初级方式。

（2）代表方法

① 专家打分法：通过德尔菲法对坡度、岩性等因子主观赋权，划分“高-中-低”风险等级。

② 类比分析法：参照相似地形管道的历史灾害数据，推断目标管道风险（如西南山区沿用川气管道经验）。

（3）典型应用

西气东输一线（1999～2004 年）：在黄土塬区首次引入 GIS 进行初步地形分

析，风险评价以人工巡检记录为主。

4.1.2.2 发展期（2000～2010年：定量模型与GIS技术融合）

（1）技术突破

① GIS空间分析普及：ArcGIS Pro版本支持栅格计算，实现坡度、断层距离等因子的空间叠加。

② 统计模型应用：层次分析法（AHP）、证据权法（WofE）成为主流，风险评价从定性走向半定量。

（2）方法体系构建

① 层次分析法（AHP）标准化

建立三级指标体系：

a. 目标层：管道地质灾害风险评价。

b. 准则层：地形（40%）、地质（35%）、气候（25%）。

c. 指标层：利用坡度、岩性、年降雨量等12项具体参数制定判断矩阵一致性检验标准（CR<0.1），以减少主观偏差。

② 证据权法（WofE）工程化

在川渝山区管道应用中，通过GIS计算各因子正负权重：坡度>25°的区域，$W^+=1.2$（灾害点密度是平缓区的3倍）；层带500m内，$W^+=0.8$（灾害发生率提高40%）。

（3）工程实践

中缅油气管道（2010年开工）：首次构建1∶50000风险区划图，识别出23处高风险滑坡段，指导抗滑桩提前部署。

4.1.2.3 成熟期（2010～2020年：机器学习与多源数据融合）

（1）智能化转型

① 机器学习引入：引入支持向量机（SVM）、随机森林（RF）以解决复杂地形多因子耦合问题。

② 监测技术升级：InSAR实现毫米级地表形变监测（如Sentinel-1卫星监测周期为12天），无人机巡检覆盖效率提升60%。

（2）方法创新

① SVM模型工程优化：针对管道线性工程特点，提出“滑动窗口采样法”即以管道为中心，向两侧扩展100m，建立50m×50m的评价单元；在新疆昌吉市管道应用中，模型准确率达92.7%（传统方法准确率为80%）。

② 多源数据融合技术：构建“空—天—地”数据链。

a. 空：卫星遥感（DEM提取坡度）。

b. 天：无人机航测（1∶2000 精度识别危岩）。

c. 地：钻探＋物探（获取岩性与断层数据）。

开发管道地质灾害数据库（PGD-2020），实现数据标准化管理（误差＜5%）。

（3）典型案例

西气东输三线（2014 年投产）：采用“SVM＋GIS”组合模型，在天山北坡识别出 17 处泥石流高风险沟谷，针对性设计拦砂坝＋排导槽。

（4）技术规范

《输气管道工程设计规范》（GB 50251—2015）提出了地质灾害易发区管道设计原则，《油气管道地质灾害风险管理技术规范》（SY/T 6828—2024）明确了风险评价流程。

4.1.2.4 智能化时期（2020 年至今：AI 驱动与动态预测）

（1）技术前沿

① 深度学习应用：利用长短期记忆网络（LSTM）模型处理时序数据（如 300 天地表形变序列预测精度达 95%）。

② 数字孪生技术：构建管道-地质灾害耦合虚拟模型，模拟暴雨—滑坡—管道失效全过程（误差＜8%）。

③ 物联网集成：每 100km 部署 500 个以上传感器节点，实现雨量、位移、应力数据实时同步（延迟＜2s）。

（2）方法革新

① 动态风险评价模型：建立的“实时数据输入-模型自动更新-预警阈值自适应”机制如下。

```
#基于实时雨量的风险指数动态计算
def dynamic_risk(rainfall, deformation):
if rainfall > 50mm:
risk = base_risk * 1.5 + deformation * 0.01
else:
risk = base_risk + deformation * 0.005
return risk
```

这个函数实现了一个简单的风险指数计算模型，根据实时降雨量（rainfall）是否超过 50mm 来判断风险等级；结合基础风险值（base _ risk）和变形数据（deformation）计算最终风险指数。降雨量超过阈值时，风险指数会更高，同时变形数据的权重也会加倍。

② 灾害链智能预测：利用图神经网络（GNN）建模灾害因果关系，识别

"断层活动→岩体破碎→暴雨触发滑坡→管道剪切失效"关键路径。在川渝页岩气管道应用中，可提前72h预警滑坡灾害（准确率88%）。

a. 断层活动→岩体破碎：川渝地区位于华蓥山断裂带和龙泉山断裂带交汇处，断层活动（如每年0.5～2mm的蠕滑）导致岩体产生微裂隙，破碎度指数（RMR）下降20%～30%；通过InSAR监测断层位移速率，可量化岩体损伤程度。

b. 岩体破碎→暴雨触发滑坡：破碎岩体的渗透系数比完整岩体高5～8倍，暴雨（日降雨量＞50mm）时孔隙水压力骤升，触发顺层滑坡；历史数据显示，川渝页岩气区65%的滑坡发生在暴雨后24h内。

c. 滑坡→管道剪切失效：滑坡运动产生的剪切应力可达10^4～10^5N/m^2，超过管道抗剪强度（如X80钢抗剪强度约240MPa）时可能导致破裂；某页岩气管道监测显示，滑坡位移速率＞10mm/d时，管道应变超过预警阈值（1000$\mu\varepsilon$）的概率达92%。

（3）行业实践

中俄东线天然气管道（2020年通气）：搭建AI风险预警平台，集成12种模型，实现2600km管道风险实时可视化。依托"全智能化运营"目标，沿管道同沟敷设光纤，集成长输管道远程监控系统（SCADA）实时采集的监测应变（精度±10$\mu\varepsilon$）、压力（精度±0.1%）、温度（精度±0.5℃）、流量（精度±1.5%）等动态参数，以及压缩机运行状态、阀门开度等设备数据，可识别第三方施工机械挖掘、地质灾害、管道泄漏等事件。

4.1.2.5 发展趋势与挑战

（1）发展趋势

① 多学科融合：地质工程与机器学习深度交叉。在传统的油气管道地质灾害风险评价中，地质工程主要依靠物理模型和经验公式来分析岩土体的稳定性，如通过极限平衡理论计算边坡的稳定性系数。然而，地质条件的复杂性使得这些方法难以精确描述实际情况。机器学习技术的兴起为地质工程带来了新的契机。以岩土力学参数输入深度学习模型为例，岩土力学参数（如土体的内摩擦角、黏聚力，岩石的抗压强度、弹性模量等）对评估地质灾害风险至关重要。在深度学习模型训练过程中，可将大量来自地质勘查、实验室测试以及现场监测的岩土力学参数作为输入数据。比如在滑坡灾害预测模型训练时，将滑坡体所在区域的岩土体力学参数，结合地形地貌、降雨等数据一同输入LSTM模型。LSTM模型能够捕捉数据中的时间序列特征，学习不同因素随时间的变化对滑坡产生的影响规律，进而更准确地预测滑坡发生的可能性和规模。通过这种多学科融合，不仅

能处理海量且复杂的地质数据，还能挖掘出传统方法难以发现的隐藏模式和关系，提升风险评价的准确性和可靠性。

② 微尺度评估：从千米级区域划分到米级管体风险定位。以往的油气管道地质灾害风险评价多侧重于千米级区域的划分，关注整个区域内地质灾害发生的可能性，例如将某一长输管道沿线按一定长度划分成千米级管段，评估每个管段所在区域内地震、滑坡、泥石流等灾害的综合风险等级。但这种方式无法精准定位到管体的具体薄弱环节。如今，随着技术的进步，评价方法逐渐向米级管体风险定位转变。以单个焊口的灾害响应分析为例，焊口是管道连接的关键部位，其力学性能与管道本体存在差异，在地质灾害作用下更易受损。利用高精度的无损检测技术（如相控阵超声检测、射线检测等）获取焊口的详细几何形状、缺陷信息等，结合有限元数值模拟方法，模拟在地震、土体位移等灾害场景下，单个焊口处的应力应变分布情况。例如，在模拟地震作用时，通过建立包含焊口细节的管道有限元模型，考虑地震波的输入特性、管土相互作用等因素，精确计算出焊口部位在不同地震强度下的应力集中系数和变形情况，从而判断该焊口在特定地质灾害中的风险程度，实现对管体风险的精细化评估，为针对性的维护和加固措施提供更准确的依据。

③ 自主化决策：基于强化学习的风险管控策略自动生成。传统的油气管道风险管控往往依赖人工经验和预设的规则，面对复杂多变的地质灾害场景，响应速度和决策的科学性存在一定局限。强化学习的引入改变了这一局面。以智能调度巡检无人机路径为例，巡检无人机在管道沿线飞行，收集地质灾害相关信息（如滑坡迹象、管道变形等）。在强化学习框架下，无人机的飞行路径决策被视为一个不断与环境交互并学习的过程。无人机所处的环境状态可定义为管道沿线不同区域的地质灾害风险等级、天气状况、无人机自身的电量和位置等信息。无人机采取的行动即飞行路径的选择。当无人机选择一条路径飞行并完成巡检任务后，会根据收集到的信息和预设的奖励机制获得一个奖励值。如果该路径使无人机高效地发现了高风险地质灾害区域且自身能耗较低，就会得到较高奖励；反之则奖励较低。通过不断地在环境中尝试不同路径，无人机逐渐学习到在各种情况下最优的飞行路径策略，以实现对管道地质灾害的高效监测和风险管控。基于强化学习的风险管控策略自动生成，能够使系统根据实时地质灾害风险状况，快速、智能地调整决策，提高油气管道应对地质灾害的能力。

（2）关键挑战

① 数据质量：老旧管道基础数据缺失。在油气管道地质灾害风险评价体系中，数据是模型构建与分析的基石，但老旧管道基础数据缺失问题严重掣肘行业

发展。我国部分管道建设于 20 世纪 90 年代前，受限于当时的技术条件和管理水平，数据采集手段原始，记录方式多为纸质档案，保存过程中易出现破损、丢失现象，导致数据完整率不足 60%。以某省 1985 年建成的原油管道为例，其沿线地形地貌原始勘查数据缺失率高达 75%，管道埋深、管径等关键参数记录模糊，部分地段的地质构造信息近乎空白。随着时间推移，地质环境发生变化，加之管道长期运行出现的结构性损伤，因缺乏早期数据参照，难以精准评估当前风险。例如，在进行滑坡灾害预测时，需结合历史地形数据判断地形演变趋势，老旧管道缺失此类数据，导致无法准确计算边坡稳定性系数，模型预测结果偏差较大。此外，数据格式不统一、存储分散的问题也较为突出，不同时期、不同单位采集的数据在坐标系、度量单位、记录标准上存在差异，整合难度大，进一步降低了数据可用性，影响风险评价的准确性与可靠性。

② 模型泛化：极端灾害场景下的预测精度不足。当前，油气管道地质灾害风险评价模型在应对极端灾害场景时，普遍存在预测精度不足的问题。极端灾害（如百年一遇暴雨、特大地震等）发生频率低、数据样本少，难以满足模型训练对大量数据的需求。现有模型多基于常规灾害场景数据训练，当遭遇极端情况时，其适用范围和预测能力受限，准确率通常下降 20%左右。例如，在某地区一次百年一遇暴雨引发的泥石流灾害中，原用于预测泥石流风险的模型，因未充分考虑极端降雨强度和持续时间对土体稳定性的影响，未能提前准确预警，导致管道受损。此外，极端灾害场景下，地质条件变化复杂且具有非线性特征，传统模型难以捕捉复杂因素间的动态关系。例如，地震引发的次生地质灾害（滑坡、崩塌等），其发生机制受断层活动、岩土体特性、地形地貌等多种因素综合影响，模型在模拟这些复杂过程时，常因参数设置不合理或算法存在局限性，导致预测结果与实际情况偏差较大。同时，极端灾害场景的特殊性使得模型难以通过实际案例对模型进行有效验证和优化，进一步加剧了模型泛化能力不足的问题，给油气管道的安全运行带来巨大隐患。

③ 标准滞后：智能化评价方法的行业标准尚未覆盖全流程。油气管道地质灾害风险评价智能化发展迅速，但行业标准的制定却相对滞后，未能全面覆盖智能化评价的全流程。

在 AI 模型构建阶段，缺乏统一的数据预处理标准，不同企业和机构对原始数据的清洗、筛选、归一化方法各不相同，导致数据质量参差不齐，影响模型训练效果和结果的可比性。例如，在处理地质灾害监测数据时，部分单位对异常数据的处理方式存在差异，有的直接剔除，有的进行插值填充，这使得不同模型的输入数据基础不一致。

在模型训练环节，AI 模型可靠性验证缺乏统一指标，无法科学评估模型的准确性、稳定性和泛化能力。目前，多数企业采用自定义指标进行模型验证，缺乏权威性和通用性，难以在行业内形成统一的评价标准。此外，智能化评价结果的应用和反馈环节也缺乏规范，对于如何将模型预测结果转化为实际风险管控措施，以及如何根据实际效果对模型进行迭代优化，尚未建立标准化流程。标准的滞后不仅阻碍了智能化评价方法在行业内的推广应用，也使得不同企业和项目之间难以实现数据共享和技术交流，制约了油气管道地质灾害风险评价智能化水平的整体提升。

油气管道地质灾害风险评价方法的演进，本质是“问题驱动→技术响应→标准固化”的螺旋上升过程：从早期经验判断到如今的 AI 预测，每一次突破均伴随工程需求与技术革命的共振。未来需聚焦数据治理、模型创新与标准体系建设，推动评价技术向“精准化、实时化、自主化”迈进，为油气管道全生命周期安全提供更强有力的科技支撑。

上述核心目标与原则为风险评价提供了方法论基础，而具体技术的演进则贯穿了从经验驱动到智能预测的变革。下面将系统阐述各类评价方法的原理与应用。

4.2 传统统计评价方法

4.2.1 定性评价法

定性评价法根据灾害易发性、管道易损性和管道失效后果评价分级结果综合确定灾害风险等级。

具体分析方法可参考 3.2.4 节定性评价的相关内容。

4.2.2 层次分析法

4.2.2.1 核心原理

层次分析法（analytic hierarchy process，AHP）是一种将复杂问题分解为多层次结构的半定量评价方法，通过构建递阶层次模型、主观赋权与逻辑排序，实现对多因子风险的系统化评估。

滕金标等[1] 以湖南省麻阳苗族自治县（简称麻阳县）为研究区，采用专家—层次分析法构建地质灾害易损性评价体系，选取坡度、岩性、断裂带、降雨等 12 个因子，通过德尔菲法确定权重，将麻阳县划分为高、中、低易损区。研究发现，坡度>25°的区域与断裂带 500m 内的灾害点密度显著高于其他区域，建议将这些区域作为重点防控对象。王烜等[2] 针对辽宁省地质灾害类型多样、传统层次分析法无法差异化评价的问题，提出双重层次分析法。首先对滑坡、崩塌、泥石流等灾种分别进行层次分析，再根据各灾种在辽宁省的易发程度综合划定风险等级。研究选取岩性、断裂、高程、坡度等 7 个因子，结果显示辽东山地丘陵区为极高易发区，需加强监测。卜吉武等[3] 以赤峰市为研究区，运用层次分析法构建包含地形（坡度、高程）、地质（岩性、断裂）、气象（降雨量）、人类活动（采矿、道路）的四维评价体系。通过计算各因子权重，将赤峰市划分为极高、高、中、低易发区，发现采矿活动密集的元宝山区为极高易发区，需优先治理。金松燕[4] 提出一种基于层次分析法的轻量化评价模型，通过简化指标体系（仅保留坡度、岩性、植被覆盖度、水系密度 4 个因子）快速评估地质灾害易发性。以深圳市为例，验证了该模型在城市扩张区域的适用性，发现坡度>30°且植被覆盖度<30%的区域灾害风险最高。杨吉红等[5] 结合层次分析法与 GIS 技术，构建路基工程地质灾害易发性评价框架。以湖北省某公路为例，通过 GIS 空间分析叠加坡度、断层距离、路基填挖高度等因子，生成易发性分区图。研究发现，填方路段与断层带交汇处为高易发区，建议采用抗滑桩+截排水系统的综合防治措施。

（1）核心思想

① 分解复杂性：将评价目标逐层拆解为“目标层→准则层→指标层→方案层”的树形结构。

② 主观与客观结合：通过专家经验构造判断矩阵，量化因子间的相对重要性。

③ 一致性检验：通过数学验证确保主观判断的逻辑合理性，避免主观偏差。

（2）数学基础分析

① 判断矩阵：基于萨蒂 1～9 标度法，对同层因子两两比较，构造矩阵 $\boldsymbol{A}=(a_{ij})_{n\times n}$，其中 a_{ij} 表示因子 i 对因子 j 的相对重要性（如 1=同等重要，3=稍微重要，5=明显重要，7=强烈重要，9=绝对重要，中间值为相邻标度的插值）。

② 权重计算（和积法）。

③ 归一化判断矩阵：每列元素除以列和，得到归一化矩阵 $\overline{\boldsymbol{A}}$。

④ 行求和并归一化：计算每行元素之和，再除以总行和，得到权重向量 $\boldsymbol{W}=(w_1, w_2, \cdots, w_n)^{\mathrm{T}}$。

⑤ 一致性检验

a. 计算最大特征值：

$$\lambda_{max}=\frac{1}{n}\sum_{i=1}^{n}\frac{(\boldsymbol{AW})_i}{w_i}$$

b. 计算一致性指标：

$$CI=(\lambda_{max}-n)/(n-1)$$

对比随机一致性指标 RI（查表 4-1 获得），若 $CR=CI/RI<0.1$，则判断矩阵通过一致性检验。

表 4-1 RI 取值一览表（n= 1~10）

判断矩阵阶数 n	随机一致性指标 RI	判断矩阵阶数 n	随机一致性指标 RI
1	0.00	6	1.24
2	0.00	7	1.32
3	0.58	8	1.41
4	0.90	9	1.45
5	1.12	10	1.49

当 $n\leqslant 2$ 时，判断矩阵自动满足一致性（RI=0）。

当 $n\geqslant 3$ 时，RI 值随阶数 n 增加而增大，反映判断矩阵构建的复杂度提升。

4.2.2.2 实施流程

（1）构建递阶层次结构

将管道地质灾害风险评价分解为以下三层结构。

① 目标层（O）：管道地质灾害风险评价。

② 准则层（C）：地形因子（C_1）、地质因子（C_2）、气候因子（C_3）、人类活动因子（C_4）。其中地形因子（C_1）的指标层（P）包括坡度（P_1）、坡向（P_2）、高程（P_3）；地质因子（C_2）的指标层（P）包括岩性（P_4）、断层距离（P_5）、土体类型（P_6）；气候因子（C_3）的指标层（P）包括年降雨量（P_7）、暴雨频率（P_8）；人类活动因子（C_4）的指标层（P）包括管道施工扰动（P_9）、农业活动强度（P_{10}）。

③ 方案层（D）：各管道段落风险等级（极高/高/中/低）。

说明：准则层权重通过专家打分确定（如地形因子占比 45%），指标层权重通过判断矩阵计算得出。

（2）构造判断矩阵

以准则层“地形因子（C_1）”下的指标层为例，专家对坡度（P_1）、坡向

（P_2）、高程（P_3）的重要性打分（表 4-2）。

表 4-2　地形因子重要性打分

指标	P_1（坡度）	P_2（坡向）	P_3（高程）
P_1（坡度）	1	3	5
P_2（坡向）	1/3	1	3
P_3（高程）	1/5	1/3	1

物理意义：坡度比坡向“稍微重要”（3 倍），比高程“明显重要”（5 倍）；坡向比高程“稍微重要”（3 倍）。用和积法计算权重时，首先对判断矩阵的每列进行归一化（列元素之和为 1），再按行求和并归一化，最终得到各因子的相对权重。

（3）权重计算（和积法简化步骤）

① 列归一化处理：

第一列和＝1＋1/3＋1/5≈1.533，则归一化值分别为：1/1.533≈0.652，（1/3）/1.533≈0.217，（1/5）/1.533≈0.130。

第二列和＝3＋1＋1/3≈4.333，则归一化值分别为：3/4.333≈0.692，1/4.333≈0.231，（1/3）/4.333≈0.077。

第三列和＝5＋3＋1＝9，则归一化值分别为：5/9≈0.556，3/9≈0.333，1/9≈0.111。

② 行求和并归一化：将归一化后的矩阵按行求和，再除以总行和。

第一行和＝0.652＋0.692＋0.556＝1.900，权重 $w_1=1.900/3=0.633$；

同理可得 $w_2=0.260$，$w_3=0.106$。

得到权重向量 $\boldsymbol{W}=(0.633,0.260,0.106)^{\mathrm{T}}$。

（4）一致性检验

计算最大特征值：

$$\lambda_{\max}=\frac{1}{n}\sum_{i=1}^{n}\frac{(\boldsymbol{AW})_i}{w_i}\approx 3.026$$

计算最大特征值：

$$\mathrm{CI}=\frac{3.026-3}{3-1}=0.013$$

$n=3$ 时，查表 4-1 得 RI＝0.58。

CR＝0.013/0.58≈0.022＜0.1，通过一致性检验，权重有效。

（5）层次总排序

将各准则层权重与指标层权重相乘，得到指标层对目标层的总权重。

例如：地形因子（C_1）权重为0.45，其下坡度（P_1）权重0.633，则P_1总权重＝0.45×0.633＝0.285。

（6）风险等级划分

根据指标总权重计算各管道段落的风险指数$R=\sum_{i=1}^{n}w_iX_i$（X_i为指标标准化值），结合自然断点法划分为四级：极高风险（$R>0.8$）、高风险（$0.6<R\leqslant0.8$）、中风险（$0.4<R\leqslant0.6$）、低风险（$R\leqslant0.4$）。

4.2.2.3 工程应用案例

川渝山区某管道风险评价案例。

（1）数据准备

地形因子：坡度30°（标准化值0.8）、坡向顺向坡（0.7）、高程800m（0.6）；

地质因子：岩性为碎屑岩（0.9）、距断层300m（0.7）；

气候因子：年降雨量1200mm（0.8）、暴雨频率2次/年（0.7）。

相关因子计算数据见表4-3。

表4-3 因子计算数据

指标	标准化值 X_i	准则层权重	指标层权重	总权重 w_i	乘积 w_iX_i
坡度（P_1）	0.8	0.45	0.633	0.285	0.285×0.8=0.2280
坡向（P_2）	0.7	0.45	0.260	0.117	0.117×0.7=0.0819
高程（P_3）	0.6	0.45	0.106	0.048	0.048×0.6=0.0288
岩性（P_4）	0.9	0.35	0.600	0.210	0.210×0.9=0.1890
断层距离（P_5）	0.7	0.35	0.300	0.105	0.105×0.7=0.0735
年降雨量（P_6）	0.8	0.20	0.675	0.135	0.135×0.8=0.1080
暴雨频率（P_7）	0.7	0.20	0.325	0.065	0.065×0.7=0.0455

（2）风险指数计算

$$R=0.285\times0.8+0.117\times0.7+0.048\times0.6+0.210\times0.9+0.105\times0.7+0.135\times0.8+0.065\times0.7=0.7547$$

判定为高风险，需优先部署抗滑桩与截排水系统。

4.2.2.4 优缺点与适用场景

层次分析法的优缺点与适用场景见表4-4。

表 4-4 优缺点与适用场景

优点	缺点	适用场景
1. 层次清晰，适合多因子复杂系统。 2. 主观赋权与数据结合，易操作。 3. 结果可追溯，便于与专家沟通	1. 依赖专家经验，存在主观性。 2. 因子过多时判断矩阵构建复杂。 3. 定量精度低于机器学习模型	1. 管道初步风险筛查。 2. 数据稀缺区域评价。 3. 多方案比选（如路由方案风险排序）

通过层次分析法，可系统整合专家经验与工程数据，为管道地质灾害风险评价提供结构化的决策框架，尤其适用于早期规划阶段的风险预评价与方案比选。

4.2.2.5 关键注意事项

① 因子独立性：同一层次因子应相互独立，避免交叉重叠（如“断层距离”与“岩性破碎度”需区分）。

② 样本量要求：指标层因子数建议≤9 个（避免判断矩阵逻辑混乱，当指标层因子超过 9 个时，判断矩阵的逻辑一致性检验难度显著增加，需结合专家研讨会辅助完成）；

③ 动态调整：施工期、运营期可根据新数据重新构造判断矩阵，更新权重（如管道防腐层老化后调整“管材强度”权重）。

4.2.3 证据权法

4.2.3.1 核心原理

证据权法（weight of evidence，WofE）是基于贝叶斯理论的空间概率统计方法，通过量化地质灾害与影响因子之间的相关性，评估各因子对灾害发生的贡献程度，进而预测灾害易发区域。其核心思想是：将地质灾害空间分布视为结果，将地形、岩性、断层等环境因子视为证据，通过计算每个证据因子的权重，叠加生成灾害易发性指数。

（1）数学基础

① 条件概率与权重计算。设 D 为灾害发生区域，$\overline{\mathrm{D}}$ 为非灾害区域，B 为某证据因子（如坡度＞25°的区域），$\overline{\mathrm{B}}$ 为该因子的补集。则正权重 W^+ 和负权重 W^- 计算公式为：

$$W^+=\ln\frac{P(\mathrm{B}|\mathrm{D})}{P(\mathrm{B}|\overline{\mathrm{D}})},W^-=\ln\frac{P(\overline{\mathrm{B}}|\mathrm{D})}{P(\overline{\mathrm{B}}|\overline{\mathrm{D}})}$$

式中，$P(\mathrm{B}\mid\mathrm{D})$ 表示在灾害区域内因子 B 出现的概率，$P(\mathrm{B}\mid\overline{\mathrm{D}})$ 表示在非灾害区域内因子 B 出现的概率。正权重 W^+ 衡量因子对灾害的促进作用，负权

重 W^- 衡量抑制作用。

② 对比系数与易发性指数。对比系数 $C=W^+-W^-$，用于直观反映因子与灾害的相关性。最终通过对数后验概率计算地质灾害易发性指数 F：

$$F=\sum_{i=1}^{n}(W_i^+-W_i^-)=\sum_{i=1}^{n}C_i$$

式中，n 为证据因子的数量。

(2) 假设条件

① 各证据因子之间相互独立。假设坡度、岩性等因子对灾害的影响相互独立。若因子间存在相关性（如陡坡常伴随断层），可能导致权重计算偏差。

② 历史灾害数据能准确反映区域地质灾害的发生规律，否则易发性指数可能偏离实际。

4.2.3.2 实施流程

(1) 数据收集与预处理

① 数据收集：收集油气管道沿线的地质灾害点数据、数字高程模型（DEM）、地质图、土地利用图等，提取坡度、坡向、高程、岩性、断层距离、河流距离等证据因子。

② 数据预处理：将所有数据统一坐标系和分辨率，转换为栅格数据格式（如 25m×25m 栅格），并对非数值型数据进行编码（如岩性类别编码）。

(2) 因子分层统计与权重计算

① 划分因子状态：将每个证据因子划分为不同状态，如按自然属性分段，坡度分为<15°、15°～25°、>25°，按距离缓冲分段，断层距离分为<500m、500～1000m、>1000m。

② 统计灾害与非灾害区域内各状态的面积：计算每个因子状态在灾害区域 D 和非灾害区域 $\overline{\mathrm{D}}$ 内的面积占比，进而计算条件概率 $P(\mathrm{B}\mid\mathrm{D})$、$P(\mathrm{B}\mid\overline{\mathrm{D}})$ 等。

③ 计算权重：根据公式计算各因子状态的正权重 W^+、负权重 W^- 和对比系数 C。

(3) 空间叠加与易发性制图

① 权重栅格化：将计算得到的各因子权重赋值到对应的栅格单元。

② 叠加分析：在 GIS 平台中，对所有因子的权重栅格进行叠加，得到地质灾害易发性指数 F 的栅格图。

③ 分级区划：采用自然断点法（Jenks）或等间距法，将易发性指数划分为低、中、高、极高易发区，生成最终的地质灾害易发性区划图。

4.2.3.3 工程应用案例

新疆昌吉市油气管道风险评价案例。

(1) 证据因子选择

选取坡度、坡向、高程、地形崎岖度、岩性、断层距离、河流距离、道路距离、人类活动强度共9个因子。

① 坡度：因昌吉市南部山区实测数据显示，83%的滑坡灾害发生在坡度>25°的斜坡，故选取>25°作为关键阈值。分层逻辑：<15°（缓坡）、15°～25°（中坡）、>25°（陡坡）。对应松散堆积物稳定性指数分别为0.8、0.5、0.3。

② 坡向：划分为阳坡（南、东南、西南）与阴坡（北、东北、西北），阳坡因日照强导致冻融风化更剧烈，滑坡发生率比阴坡高42%。

③ 高程：结合天山北麓地形，按<500m（平原）、500～1000m（丘陵）、>1000m（中低山）分层，其中高程>1000m的区域碎屑岩风化层平均厚度达8.7m，为滑坡提供了物质基础。

④ 地形崎岖度：采用DEM数据计算3×3窗口地形变异系数，变异系数>0.3的区域表示沟壑发育，地表水汇聚加速坡体失稳，该因子与滑坡点重合率达76%。

⑤ 岩性：划分为碎屑岩（砂岩、页岩）、岩浆岩（花岗岩）、变质岩（片麻岩），碎屑岩因层理发育、抗剪强度低（黏聚力$c=12\text{kPa}$，内摩擦角$\phi=22°$），滑坡发生概率是岩浆岩区的3.2倍。

⑥ 断层距离：以500m、1000m为缓冲阈值，断层带200m范围内岩体破碎带平均宽度为15～30m，地应力释放导致裂隙率增加40%，如昌吉-呼图壁断裂带周边滑坡密度达0.8处/km^2。

⑦ 河流距离：<100m区域受河流侧蚀影响，岸坡掏蚀深度年均0.5～1.2m，可诱发崩塌型滑坡；100～500m区域受洪水浸润影响，岩土体饱和含水率增加18%～25%。

⑧ 道路距离：<50m范围因车辆荷载振动（频率为10～20Hz），使坡体松散堆积物动剪模量降低30%，且道路开挖形成临空面；50～200m为施工影响区，机械扰动导致坡体稳定性下降。

⑨ 人类活动强度：采用土地利用数据量化，分为工业区（高）、村镇（中）、农田（低），工业区爆破作业与采矿活动使滑坡风险提升2.1倍。

(2) 权重计算结果

① 坡度>25°因子权重解析。灾害区D中坡度>25°的面积占比$P(\text{B}\mid \text{D})=68\%$，非灾害区$\overline{\text{D}}$中占比$P(\text{B}\mid \overline{\text{D}})=23\%$，则：

$$W^{+}=\ln\frac{0.68}{0.23}\approx 1.1(\text{促进作用显著})$$

缓坡（<15°）在灾害区占比 $P(\overline{B}\mid D)=12\%$，非灾害区占比 $P(\overline{B}\mid\overline{D})=35\%$，则：

$$W^{-}=\ln\frac{0.12}{0.35}\approx -1.1(\text{负权重为负，表明缓坡抑制灾害})$$

对比系数 $C=2.2$。

该值表示坡度>25°因子每增加 1 单位权重，滑坡发生概率的对数优势比（logodds）提升 2.2 倍，$C>1.0$ 即判定为高风险因子。

② 断层距离<500m 因子权重解析。灾害区中断层距离<500m 的区域占比 $P(B\mid D)=45\%$，非灾害区占比 $P(B\mid\overline{D})=29\%$，计算得：

$$W^{+}=\ln\frac{0.45}{0.29}\approx 0.4(\text{促进作用显著})$$

因断层对滑坡的抑制作用不显著，$P(\overline{B}\mid D)/P(\overline{B}\mid\overline{D})\approx 1$，故 $W^{-}\approx 0.1$，最终 $C=0.4-0.1=0.3$，说明断层附近滑坡风险较高。

断层活动引发的地震动（峰值加速度>$0.2g$，g 为重力加速度）会使岩体节理张开度增加 0.5～1.0mm，碎屑岩区孔隙水压力瞬间升高 20～30kPa，触发顺层滑坡。

(3) 易发性区划

通过叠加分析，将昌吉市管道沿线划分为 4 个易发性等级区域，其中极高易发区主要集中在南部中低山区陡坡、碎屑岩分布且靠近断层的区域，为管道路由优化和防护工程设计提供了科学依据（表 4-5）。

表 4-5　易发性等级区域

易发性等级	F 值范围	典型区域特征	滑坡密度（处/km²）
极高易发区	>2.5	南部中低山区（高程 1200～1800m），坡度>25°，碎屑岩占比>70%，距断层<500m，且分布有采矿区	1.2～1.8
高易发区	1.8～2.5	中部丘陵带（高程 800～1200m），坡度 15～25°，岩浆岩与碎屑岩过渡区，距河流<500m，周边有乡村道路	0.6～1.2
中易发区	1.0～1.8	北部平原边缘（高程<800m），坡度<15°，变质岩分布，距断层>1000m，农田为主	0.2～0.6
低易发区	<1.0	冲洪积平原，完整岩浆岩基底，无断层影响，人类活动稀少	<0.2

4.2.3.4 优缺点与适用场景

证据权法的优缺点与适用场景见表 4-6。

表 4-6 优缺点与适用场景

优点	缺点	适用场景
1. 基于数据驱动，客观性较强； 2. 适用于多因子综合分析； 3. 与 GIS 结合紧密，空间表达直观	1. 假设因子独立，实际中可能不满足； 2. 对历史灾害数据质量要求高； 3. 无法考虑因子间的非线性关系	1. 区域尺度的地质灾害初步筛查； 2. 数据相对充足、因子独立性较好的地区； 3. 油气管道规划阶段的风险预评价

4.2.3.5 关键注意事项

① 数据质量控制：确保灾害点数据的准确性和完整性，避免数据误差导致权重计算偏差。

② 因子筛选优化：剔除相关性过高或对灾害影响微弱的因子，防止信息冗余。

③ 结果验证：结合实际灾害分布或采用其他方法（如支持向量机）对证据权法结果进行验证，提高评价可靠性。

4.3 机器学习与人工智能方法

4.3.1 支持向量机

支持向量机（support vector machine，SVM）是一种基于统计学习理论的机器学习方法，在油气管道地质灾害评价中应用广泛。

高留喜等[6] 针对山东山洪灾害预报需求，构建了基于 SVM 的山洪地质灾害预测模型。模型整合气象数据（如降雨量、风速）和地形数据（如坡度、水系密度），通过历史灾害点训练，实现山洪风险的实时预警。研究表明：SVM 模型对山洪发生概率的预测准确率达 78.3%，较传统统计方法提升 15%。刘金沧等[7] 以广东省肇庆市怀集县为研究区，基于数字高程模型（DEM）和资源三号卫星遥感影像，选取地形、植被覆盖、地质构造、降水分布、人类活动等 11 个致灾因子，采用 SVM 模型进行斜坡类地质灾害易发性评价。研究发现：①极高易发区主要沿断裂带分布，与实际灾害点吻合度高；②SVM 模型精度（AUC=0.934）显著优于信息量模型（AUC=0.855），尤其在复杂地形和植被覆盖区域表现更优。

4.3.1.1 原理

（1）线性可分情况

在二维空间中，若两类样本线性可分，SVM 的目标是找到最优超平面（在二维空间中是直线，三维空间中是平面，高维空间中是超平面），将两类样本分开，且使样本到超平面的间隔最大。间隔越大，分类器的泛化能力越强。这些距离超平面最近的样本点被称为支持向量，超平面由支持向量决定。

（2）线性不可分情况

实际中样本往往线性不可分，通过引入核函数，将低维空间中线性不可分的数据映射到高维空间，使其在高维空间中线性可分，进而找到最优超平面。常用核函数有线性核函数、多项式核函数、径向基核函数（RBF）、sigmoid 核函数等。同时，为允许部分样本出错，引入松弛变量和惩罚参数 C，C 越大，对误分类的惩罚越大，模型越复杂，越容易过拟合；C 越小，模型越简单，泛化能力可能越强。

（3）回归问题

在地质灾害评价中，有时需预测连续值，如灾害发生概率等，SVM 可用于回归分析（支持向量回归 SVR）。

4.3.1.2 具体算法介绍

（1）线性可分 SVM 算法

① 核心原理。离超平面最近的样本点（即支持向量）满足函数间隔为 1 的条件。

② 数学模型。假设数据集为$\{(x_i,y_i)\}_{i-1}^{n}$，其中 x_i 为特征向量，$y_i\in\{-1,1\}$为类别标签。超平面可表示为 $\boldsymbol{w}^{\mathrm{T}}\boldsymbol{x}+b=0$，优化目标为：

$$min_{w,b}\ \frac{1}{2}||\boldsymbol{w}||^2$$

约束条件：$y_i(\boldsymbol{w}^{\mathrm{T}}\boldsymbol{x}_i+b)\geqslant 1$，$i=1$，…，$n$

通过拉格朗日乘子法可将其转化为对偶问题求解，得到最优解 $\boldsymbol{w}^*$ 和 b^*。

③ 应用场景。适用于数据在低维空间中线性可分的简单场景，如早期在二分类的手写数字识别（仅区分两种简单数字形态）中有所应用，但在油气管道地质灾害评价中，由于地质条件复杂，线性可分情况较少，实际应用相对有限。

（2）线性 SVM 算法（软间隔 SVM）

① 核心原理。现实中的数据往往难以完全线性可分，线性 SVM 通过引入松弛变量 $\zeta_i \geqslant 0$，允许部分样本点违反函数间隔为 1 的约束条件，从而在最大化间隔和最小化分类误差之间找到平衡。

② 数学模型。优化目标变为：

$$min_{w,b,\zeta} \frac{1}{2} || \boldsymbol{w} ||^2 + C\sum_{i=1}^{n}\zeta_i$$

约束条件：$y_i(\boldsymbol{w}^{\mathrm{T}}\boldsymbol{x}_i + b) \geqslant 1 - \zeta_i$，$i = 1$，$\cdots$，$n$

其中，C 为惩罚参数，C 越大，对误分类的惩罚越重，模型越复杂；C 越小，模型越简单，允许更多样本点违反约束。

③ 应用场景。在油气管道地质灾害评价中，当部分数据特征存在轻微干扰或噪声时可采用该方法。例如，在分析某段管道沿线地质数据时，少量样本因测量误差导致类别边界模糊，线性 SVM 可通过调整 C 值，在一定程度上容忍这些误差，实现有效分类。

（3）非线性 SVM 算法（基于核函数）

① 核心原理。通过核函数将低维空间中线性不可分的数据映射到高维空间，使其在高维空间中变得线性可分，进而使用线性 SVM 算法求解。常见的核函数如下。

a. 径向基核函数（RBF）：$k(x_i, x_j) = \exp(-\gamma || x_i - x_j ||^2)$，适用于数据分布较为复杂的情况，通过调整参数 γ 控制高斯分布的宽度。

b. 多项式核函数：$k(x_i, x_j) = (\{x_i - x_j\} + r)^d$，其中 $\{x_i - x_j\}$ 为样本内积，r 为常数，d 为多项式次数。

c. Sigmoid 核函数：$k(x_i, x_j) = \tanh(\alpha\{x_i - x_j\} + c)$，其中 α 为内积缩放系数，c 为常数，常用于模式识别领域。

② 数学模型。在对偶问题中，将内积 $\{x_i - x_j\}$ 替换为核函数 $k\{x_i - x_j\}$，通过求解对偶问题得到分类决策函数。

③ 应用场景。在油气管道地质灾害评价中应用广泛。如在西南管道滑坡/崩塌/泥石流三分类模型案例中，采用 RBF，有效处理了地形地貌、地质条件等多因素交织的复杂数据，实现了高精度的灾害类型分类。由于地质灾害影响因素众多且关系复杂，非线性 SVM 能够通过核函数映射，挖掘数据内在特征，提升分类性能。

（4）支持向量回归（SVR）算法

① 核心原理。与分类问题不同，支持向量回归旨在寻找一个回归函数，使

所有样本点到该函数的误差尽可能小。通过引入不敏感损失函数 ε，允许在一定误差范围内 ε 不计算损失，仅对超出 ε 的样本点计算损失，从而找到最优回归超平面。

② 数学模型。假设数据集 $\{(x_i, y_i)\}_{i-1}^{n}$，y_i 为连续性标签，优化目标为：

$$min_{w,b,\zeta,\zeta^*}\ \frac{1}{2}\ ||\ \boldsymbol{w}\ ||^2+C\sum_{i=1}^{n}(\zeta_i+\zeta_i^*)$$

约束条件：$y_i-(\boldsymbol{w}^{\mathrm{T}}\boldsymbol{x}_i+b)\leqslant\varepsilon+\zeta_i$，$(\boldsymbol{w}^{\mathrm{T}}\boldsymbol{x}_i+b)-y_i\leqslant\varepsilon+\zeta_i^*$，$\zeta_i, \zeta_i^*\geqslant 0$，$i=1, \cdots, n$

其中，ζ_i 和 ζ_i^* 为松弛变量，C 为惩罚参数。

③ 应用场景。在油气管道地质灾害评价中，可用于预测地质灾害的相关连续变量，如预测滑坡的滑动位移量、泥石流的规模大小等，为灾害风险的定量评估提供依据。

（5）多分类 SVM 算法

① 核心原理。SVM 本质上是二分类算法，为实现多分类，常见方法包括“一对一”（OVO）和“一对多”（OVR）。

a. 一对一（OVO）：对于 k 个类别，两两之间训练 $C_k^2=\frac{k(k-1)}{2}$ 个二分类器，测试时通过投票法确定样本类别。

b. 一对多（OVR）：对每个类别训练一个二分类器，将该类样本作为正例，其余所有样本作为反例，共训练 k 个分类器，测试时选择得分最高的分类器对应的类别作为预测结果。

② 应用场景。适用于需要区分多种地质灾害类型的场景，如上述西南管道滑坡/崩塌/泥石流三分类模型案例，通过多分类 SVM 算法，可有效识别不同类型的地质灾害，为后续针对性的防治措施提供支持。

4.3.1.3 实施流程

（1）数据收集与预处理

收集油气管道沿线地质灾害相关数据，如地形地貌（坡度、坡向、高程等）、地质条件（岩性、断层分布等）、气象数据（降雨量、降雨强度等）、管道参数（管径、管材、埋深等）及历史灾害记录等。对数据进行清洗，去除噪声、缺失值等；进行归一化或标准化处理，使不同特征数据具有可比性。

（2）特征选择

从众多特征中挑选对地质灾害评价有显著影响的特征，减少数据维度，降低计算复杂度，提高模型效率和泛化能力。可采用方差分析、相关性分析、递归特征消除等方法筛选特征。

（3）模型训练

① 划分数据集：将预处理后数据按一定比例（如 8∶2）划分为训练集和测试集，训练集用于构建模型，测试集用于评估模型性能。

② 核函数选择：根据数据特点实验对比选择合适的核函数，常用 RBF、线性核函数等。西南管道案例中 RBF 核函数分类效果最佳。

③ 参数调优：利用网格搜索（GridSearch）结合交叉验证（如 5 折交叉验证），优化惩罚参数 C 和核函数参数 γ，确定最优参数组合。

④ 构建模型：基于训练集和选定参数训练 SVM 模型，如西南管道案例构建滑坡/崩塌/泥石流三分类模型。

⑤ 模型评估：用测试集数据评估训练好的模型性能，常用评估指标有准确率、精确率、召回率、F_1 值、AUC（曲线下面积）等。若模型性能不佳，调整参数或重新选择特征后再次训练。

⑥ 风险评价与预测：将实际管道地质数据输入训练好且评估合格的模型，得到地质灾害风险评价结果，如灾害发生概率、风险等级（低、中、高）等，为管道维护、防护措施的制订提供依据。

4.3.1.4 应用案例

在某山区油气管道地质灾害评价中，收集管道沿线坡度、坡向、岩性、降雨量、历史滑坡记录等数据，经预处理和特征选择后，选用径向基核函数构建 SVM 模型。通过 K 折交叉验证确定最优参数，训练模型并评估，准确率达 85%。利用该模型对管道沿线未评估区域进行地质灾害风险预测，识别出高风险区域 5 处，为后续加固和监测工作指明方向。

4.3.1.5 优缺点与适用场景

SVM 的优缺点与适用场景见表 4-7。

表 4-7 优缺点与适用场景

优点	缺点	适用场景
在小样本情况下也能有较好表现，不易过拟合；能有效处理高维数据；通过核函数映射，对线性不可分问题有很好的解决能力	核函数选择和参数调整较复杂，需一定经验和反复试验；计算复杂度较高，训练时间较长	数据量相对不大、特征维度较高、地质条件复杂多样且难以用传统线性模型描述的油气管道地质灾害评价场景

4.3.1.6 注意事项

① 数据质量：数据准确性、完整性和代表性至关重要，数据错误或缺失会

严重影响模型性能。

② 参数调优：不同核函数和参数对模型效果影响大，需耐心细致调优，可结合网格搜索、随机搜索等优化算法。

③ 模型验证：除常规评估指标外，可通过多次重复实验、与其他模型对比等方式验证模型可靠性和稳定性。

4.3.2 随机森林（RF）法与深度学习

4.3.2.1 随机森林（RF）法

（1）核心原理

随机森林（random forest，RF）是一种基于决策树的集成学习算法，通过构建多个决策树并汇总结果，以提升预测的准确性和稳定性，其核心机制体现在以下三个方面。

① 随机采样。从原始训练数据集中，采用有放回的随机抽样方式，抽取多个大小与原始数据集相同的子集。每个子集用于训练一棵独立的决策树，这种采样方式使得不同决策树的训练数据存在差异，为模型的多样性奠定基础。例如，若原始数据集包含 1000 条管道地质灾害相关数据记录，每次采样都从这 1000 条数据中有放回地抽取 1000 条组成新的训练子集。

② 特征随机选取。在构建决策树的过程中，对于每个节点的分裂，不是使用全部特征，而是随机选取一部分特征进行评估，以确定最佳分裂方式。假设数据集中有 10 个特征，通常会随机选取其中 3～5 个特征用于节点分裂。这种方式降低了决策树之间的相关性，避免了单棵树过度拟合特定特征，增强了模型的泛化能力。

③ 结果集成

a. 分类问题：通过投票法确定最终类别。即每棵决策树对样本进行分类预测，将得票最多的类别作为随机森林的预测结果。例如，在预测管道沿线某处是否会发生滑坡灾害时，若 50 棵决策树中有 32 棵预测“会发生”，18 棵预测“不会发生”，则最终结果为“会发生”。

b. 回归问题：采用平均法得出预测值。每棵决策树输出一个预测值，将所有决策树的预测值进行算术平均，作为随机森林的最终预测结果。如预测滑坡的滑动位移量，综合多棵决策树的预测位移数值，取平均值作为最终预测位移。

（2）应用流程

① 数据准备。收集与管道地质灾害相关的多源数据，包括地形地貌数据（坡度、坡向、高程等）、地质条件数据（岩性、断层分布等）、气象数据（降雨

量、降雨强度等）、管道属性数据（管径、管材、埋深等）以及历史灾害记录等。对收集到的数据进行清洗，去除噪声数据、缺失值处理（如采用均值填充、回归填充等方法），并进行归一化或标准化处理，使不同特征数据具有可比性。

② 模型训练。确定随机森林模型的关键参数，如决策树的数量（通常经验值在100～500棵之间，可通过实验调整）、每次节点分裂时随机选取的特征数量（一般为总特征数的平方根）。利用准备好的训练数据子集，分别训练每一棵决策树，构建完整的随机森林模型。

③ 特征重要性分析。随机森林可以方便地评估各特征对预测结果的重要程度。通过计算特征在决策树分裂过程中对纯度提升的贡献来衡量其重要性，贡献越大，特征重要性得分越高。例如，在分析管道滑坡风险时，经计算发现坡度和降雨量的特征重要性得分较高，说明这两个因素对滑坡发生的影响更为关键。

④ 预测与评估。使用测试数据集对训练好的随机森林模型进行验证，通过准确率（分类问题）、均方误差（回归问题）、平均绝对误差等指标评估模型的预测性能。若模型性能不达标，可调整决策树数量、特征选取比例等参数，重新训练模型进行优化。

⑤ 实际应用。将训练优化后的随机森林模型应用于实际的管道地质灾害评价场景，进行风险预测（如评估某段管道未来发生地质灾害的概率）、灾害类型识别（判断是滑坡、崩塌还是泥石流等），为管道的维护、防护工程设计以及应急管理提供科学依据。汪本寂等[8]以浙江省丽水市境内某条长输管道为例，以管道周围1km范围内的斜坡单元作为管道风险评价的基本单元，结合沿线的地质环境条件和管道参数构建了管道风险评价指标体系。通过主成分分析对指标数据进行降维处理，并将降维后的数据导入随机森林中进行训练，利用训练好的模型完成对各评价单元的风险等级评价，最终生成管道综合风险专题图。低风险管段、较低风险管段、中风险管段、较高风险管段和高风险管段的占比分别为35.8%、27.8%、22.6%、9.4%和4.2%。

（3）优势与局限

① 优势

a. 准确性与稳定性高：通过集成多棵决策树，有效降低了单棵树的方差，减少过拟合风险，提升了模型的整体预测准确性和稳定性。

b. 可解释性强：能够直观地分析各特征的重要性，帮助工程师理解哪些因素对管道地质灾害影响较大，便于有针对性地采取防控措施。

c. 适用性广：对数据的分布要求较低，无需假设数据满足特定的概率分布；可处理分类和回归问题，适用于多种地质灾害评价场景。

d. 训练效率高：训练速度相对较快，对计算资源的需求较低，适合在普通计算机上运行，尤其适用于数据量较小的初步评估场景。

② 局限

a. 特征自动提取能力弱：依赖人工选择和预处理特征，对于高维复杂数据，若未进行有效的特征工程，可能无法充分挖掘数据中的潜在信息。

b. 模型复杂度难调：虽然比深度学习模型简单，但当决策树数量过多时，模型复杂度增加，训练和预测时间也会相应延长。

c. 难以处理非线性复杂关系：对于地质灾害中存在的高度非线性、复杂的因素关系，其建模能力比深度学习弱。

4.3.2.2 深度学习

（1）数据收集与预处理

① 多源数据收集。深度学习依赖海量数据训练模型，在管道地质灾害评价中，需收集多源数据。

a. 地理空间数据：涵盖高精度的数字高程模型（DEM），可精确反映管道沿线地形起伏，如坡度、坡向等信息，为分析滑坡、泥石流等灾害的地形条件提供基础；利用卫星遥感影像，获取大面积的地表覆盖信息，识别植被分布、土地利用类型等，植被覆盖率低、土地开发频繁区域往往地质灾害风险更高。

b. 地质构造数据：收集地层岩性数据，不同岩性地层的抗风化、抗侵蚀能力差异大，如页岩易风化破碎，增加滑坡风险；断层分布数据同样关键，断层附近岩石破碎，应力集中，是地质灾害高发地段。

c. 气象水文数据：长期的降雨量、降雨强度数据，降雨是引发泥石流、滑坡等灾害的重要触发因素；河流流量、水位变化数据，对于评估管道穿越河流区域因水流冲刷导致的地质灾害风险不可或缺。

d. 管道自身数据：管道的材质、管径、埋深、运行年限等；老旧管道因腐蚀、老化等问题，在地质灾害发生时更易受损。

② 数据预处理。收集到的原始数据存在噪声、缺失值、格式不统一等问题，需进行预处理。

a. 数据清洗：去除重复、错误或异常的数据点，例如，在监测数据中，因传感器故障产生的明显偏离正常范围的数值，可通过设定合理阈值或利用统计方法（如 3σ 原则）进行识别与剔除。

b. 缺失值处理：对于少量缺失值，可采用均值填充、中值填充或基于机器学习的插值算法（如 K 近邻插值）进行补充；若缺失值较多，则需考虑重新收集数据或采用复杂的模型（如自编码器）进行估算。

c. 数据标准化与归一化：将不同量纲、取值范围的数据统一到相同尺度，如将高程数据、降雨量数据归一化到［0，1］区间，以提升模型训练效率与稳定性，常用方法有最小-最大归一化、Z-score 标准化。

（2）深度学习模型选择与构建

① 卷积神经网络（CNN）的应用

a. 图像特征提取：在处理遥感影像、管道周边环境的航拍图像时，CNN 优势显著。其卷积层通过不同大小的卷积核在图像上滑动，自动提取图像中的边缘、纹理、形状等空间特征。例如，在识别滑坡区域时，CNN 能捕捉到滑坡体独特的地形纹理与边界特征，区分正常区域与受灾区域。

b. 模型结构设计：典型的 CNN 结构包含多个卷积层、池化层和全连接层，如 VGG16 模型，由 13 个卷积层和 3 个全连接层组成，通过不断堆叠卷积层加深网络，学习更复杂的特征。在管道地质灾害评价中，可根据数据特点与任务需求，调整卷积核大小、数量、网络层数等参数。

② 循环神经网络（RNN）及其变体的应用

a. 时序数据处理：管道地质灾害相关的监测数据，如地表位移随时间的变化、降雨量的时间序列等，具有明显的时序特征。RNN 及其变体长短期记忆网络（LSTM）、门控循环单元（GRU）擅长处理此类数据。LSTM 通过引入输入门、遗忘门和输出门，解决了 RNN 的梯度消失与梯度爆炸问题，能够有效捕捉长时间序列中的依赖关系。

b. 预测应用：利用 LSTM 可预测未来一段时间内管道沿线的地质灾害风险趋势，例如，根据过去数月的地表位移数据，预测下一个月是否有滑坡发生的可能性，提前为管道维护与应急处置提供预警。

③ 生成对抗网络（GAN）的潜在应用

a. 数据增强：在地质灾害数据量有限时，GAN 可用于数据增强。生成器网络学习真实数据的分布特征，生成与真实数据相似的新样本，扩充训练数据集，如生成更多不同地形、地质条件下的虚拟滑坡样本，使模型学习到更全面的特征，提升泛化能力。

b. 异常检测：在管道地质灾害监测中，判别器可区分正常数据与异常数据，检测出可能预示地质灾害发生的异常模式。例如，当管道周边土壤湿度、应力等监测数据出现异常波动时，GAN 能及时识别并发出警报。

（3）模型训练与优化

① 训练过程

a. 划分数据集：将预处理后的数据按一定比例（如 70％训练集、15％验证集、15%测试集）划分。训练集用于模型参数学习；验证集用于调整模型超参数（如学习率、网络层数等），防止过拟合；测试集用于评估模型最终性能。

b. 选择损失函数与优化器：根据任务类型选择损失函数，分类任务常用交叉熵损失函数，回归任务如预测滑坡位移量则用均方误差损失函数。优化器可选择随机梯度下降（SGD）、Adagrad、Adam 等，Adam 优化器因其自适应调整学习率、收敛速度快等优点，在深度学习中广泛应用。

c. 训练迭代：将训练数据输入模型，通过前向传播计算预测结果，与真实标签对比计算损失值，再通过反向传播算法更新模型参数，不断迭代训练，直至模型在验证集上的性能不再提升或达到预设的训练轮数。

② 优化策略

a. 超参数调优：使用网格搜索、随机搜索或更高效的贝叶斯优化方法，遍历超参数空间，寻找最优超参数组合。例如，通过贝叶斯优化调整 LSTM 的隐藏层单元数量、学习率、正则化系数等参数，提升模型预测精度。

b. 防止过拟合：采用 L_1、L_2 正则化方法，在损失函数中加入正则化项，约束模型参数大小，防止模型过拟合；利用 Dropout 技术随机丢弃部分神经元，减少神经元之间的协同适应，同样能降低过拟合风险。

（4）应用案例与效果

① 滑坡预测案例。张金雨[9] 基于深度学习方法构建了一种面向滑坡识别的多源数据融合与多尺度特征学习网络（Multi-source Data Fusionand Multi-scale Feature Learning Network for Landslide Identification，MDMF），包括可分离的多源数据融合模块（Multi-source Data Fusion Block，MSDF-Block）与多尺度特征学习模块（Multi-scale Feature Learning Block，MSFL-Block）。选择四川省九寨沟县 2017 年发生的 M_s7.0 级地震引起的两处滑坡较为集中区域作为研究区，采用研究区的 GoogleEarth 遥感影像、DEM 数据与 NDVI 数据作为数据源构建滑坡样本集。为了验证 MDMF 网络的作用，将 MDMF 网络的 MSDF-Block 模块与 MSFL-Block 模块分别融入两种经典的深度学习模型 Unet 与 MaskR-CNN 的主干网络设计消融实验。实验结果表明：MDMF-Unet 模型总体性能最佳，精确率为 81.07%，召回率为 96.73%，F_1 值为 88.21%，平均交并比（mIoU）为 78.91%，相较于原模型，精确率提升了 16.1%，召回率提升了 16.49%，F_1 值提升了 16.41%，mIoU 提升了 22.9%；相较于原模型，MDMF-MaskR-CNN 模型的各指标分别提升了 12.83%、17.48%、14.86%和 20.93%。因此，将构建的 MDMF 网络融入到深度学习模型 Unet 或 MaskR-CNN 中进行滑坡识别，可以有效地降低滑坡的误检率与漏检率，并提高滑坡边

界提取结果的准确性，为相关维护部门争取时间，及时采取防护措施，避免管道受损。

② 长输管道地质灾害风险段识别案例。刘燊[10] 以某段冻土区多年的惯性测量单元IMU应变检测大数据为基础，针对长输管线中几何特征与弯曲变形段之间的应变曲线特征差异，将IMU内检测得到的姿态数据转化为应变数据，然后总结分类了管线中主要的4种局部变形管段类型，运用小波分解方法去除了IMU应变数据中的干扰噪声；从某冻土区2014～2018年共5年的IMU应变数据中提取了超过3万份样本数据，并根据管线的检测位置、检测日期等信息建立了样本数据库，从样本数据中提取了共36个时频域特征，运用主成分分析保留了前9个主成分，完成特征数据降维，构建了决策树、支持向量机、随机森林等机器学习分类模型，完成了对不同局部变形管段的识别分类；同时结合环焊缝信息构建样本数据，建立一维卷积神经网络深度学习模型完成分类，对比不同次应变数据求解应变绝对变化量，识别弯曲应变变化较大的管段，基于对地质灾害段的识别结果开展综合评价，最后结合GPS数据对地质灾害高风险段进行了可视化处理。结果表明，随机森林模型在对不同局部变形管段进行分类时识别准确率最高，达到了94.89%。随着截取的样本数据长度的增加，一维CNN模型的准确率呈现先升高后降低的趋势，在长度为18m时准确率达到了93.84%。在深度学习建模时发现环焊缝信息对于区分不同局部变形管段有着明显的作用，可以使模型整体的识别准确率提高2%。基于评价方法确定的前10处危险管段存在管体弯曲变形、位移较大、金属损失三者共存的情况。

4.4 空间信息技术与监测技术融合

4.4.1 GIS空间分析技术

GIS（地理信息系统）空间分析技术在管道地质灾害评价中通过整合多源地理数据、挖掘空间关联特征及模拟灾害过程，为风险评价提供关键技术支撑。

4.4.1.1 数据准备与预处理

（1）多源数据采集

① 地形地貌数据：利用DEM（数字高程模型）、DOM（数字正射影像）提取坡度、坡向、粗糙度等地形因子。

② 地质构造数据：断层分布、地层岩性、松散堆积物厚度等，揭示地质灾害易发区域的内在条件。

③ 管道专题数据：空间位置（矢量线数据）、埋深、管径、服役年限等，明确评价对象的空间分布。

④ 灾害与环境数据：历史灾害点（滑坡、崩塌等）的位置、规模及诱因（如降雨强度、地震震级）；气象数据（年降水量、极端天气分布）；人类活动数据（采矿区、工程建设范围）。

（2）数据标准化处理

① 坐标系统一：将不同来源的数据转换为统一地理坐标系（如 WGS84）和投影坐标系（如 UTM）的数据，确保空间位置匹配。

② 栅格化与归一化：对连续型数据（如坡度、降水强度）进行栅格化，生成网格单元数据；对数值型指标（如断层密度、植被覆盖度）进行归一化（0～1标准化），消除量纲差异。

4.4.1.2 空间分析核心方法

（1）空间叠置分析：识别风险因子耦合关系

原理：将多个空间图层（如坡度＞25°的区域、断层缓冲区、历史灾害点）叠加，通过逻辑运算（交集、并集）或加权求和，生成综合风险图层。

应用案例：

贾韶辉等[11] 在《基于 GIS 的长输油气管道气象与地质灾害预警平台》中指出，长输油气管道因多分布于地质地貌复杂的野外区域，雨季易受滑坡、塌方等地质灾害侵袭，而传统防治手段存在预警时间短、侧重单点防治等不足。为此，研究提出构建基于 GIS 的预警平台，通过与气象、地质灾害监测行业联动，整合权威机构发布的 24h 预报数据与管道数据，利用开源 GIS 技术（如 GeoServer、OpenLayers）实现空间分析、数据管理与多渠道预警信息发布，将预警时间提前至 24h 以上，为企业应急处置争取时间，且案例应用表明该平台可有效提升管道灾害防范的科学性与时效性，同时提出未来需完善的管道完整性管理系统接口等优化方向。

贾韶辉等[12] 在《基于 GIS 技术的管道地质灾害汛期预警研究》中指出，我国长输管道因多穿越地质复杂区域，每年汛期（7～9 月）的滑坡、泥石流等地质灾害占全年损失的 70％～80％，而降雨尤其是暴雨为主要诱因。研究基于 GIS 技术，将 24h 预测降雨量与管道地质灾害易发区进行空间叠加分析，结合兰成渝管道地震灾区的降雨阈值研究（大暴雨及以上降雨触发灾害），将预警分为 5 个等级并以不同颜色标记。2009 年 7 月，该方法成功对兰成渝管线发布 4 级预警，通过公司主页及通信系统提前24h通知受影响区域，使管道公司及时启动抢险预案，在川北甘南连降300mm暴雨导致多处山洪、滑坡的情况下，有效保障了管道安全，验证了GIS技术在管道地质灾害汛期预警中的有效性与实用性。

（2）缓冲区分析：量化管道受灾害威胁程度

步骤：以管道为中心，按不同距离（如500m、1km）生成缓冲区；统计缓冲区内的灾害因子密度（如断层密度、历史灾害点数量）；构建“距离-风险”衰减模型（如距离越近，风险指数越高）。

示例：分析距断层＜500m的管段占比，评估构造活动对管道的潜在威胁。

（3）空间统计分析：揭示灾害空间分布规律

全局自相关：通过莫兰指数（Moran's I）判断地质灾害点是否呈集群分布（如 $I>0$ 表示正相关，灾害点聚集）。

局部热点分析：利用Getis-Ord Gi* 统计量识别“高风险-高暴露”热点区域（如管道穿越的滑坡高发区），输出热点图（冷/热区分布）。

（4）地形因子提取：评估地貌对灾害的贡献

基础因子：包括坡度、坡向、汇水面积等。

坡度：＞25°区域易发生滑坡，利用GIS“坡度工具”生成坡度分级图；

坡向：阴坡因日照少、湿度高，植被根系浅，更易发生崩塌；

汇水面积：通过DEM水文分析提取流域边界，识别管道穿越的易积水或山洪冲刷地段。

复合指标：计算地形湿度指数（TPI）、地表径流指数（SPI），量化地表水文过程对灾害的驱动作用。

（5）风险建模与区划：生成定量化评价结果

层次分析法（AHP）＋GIS：建立指标体系（如地质因子30%、地形因子25%、气象因子20%、人类活动25%）；利用GIS栅格计算器对各因子图层加权叠加，生成风险等级图（高、中、低三级）。

机器学习模型嵌入：基于历史灾害数据，在GIS中训练随机森林（RF）或逻辑回归（LR）模型，输出灾害发生概率栅格；结合管道空间位置，生成“管道风险热力图”，标注各管段的灾害发生概率。

4.4.1.3 三维建模与动态模拟

（1）三维地质场景构建

利用ArcGIS Pro或Global Mapper等工具，融合DEM、钻孔数据、遥感影像，构建管道沿线的三维地形模型，直观展示断层、陡崖等隐患点的空间分布。

应用：模拟滑坡体从坡体到管道的运动轨迹，评估灾害对管道的冲击范围与破坏程度（如基于 DAN3D 模型的滑坡运动模拟）。

（2）动态风险预警

接入实时监测数据（如 InSAR 地表形变、雨量计数据），通过 GIS 实时更新风险图层。例如：当某区域降雨强度超过阈值时，自动触发泥石流风险等级提升，并在管道监控系统中预警；利用 Web GIS 开发交互式平台，支持动态查询任意管段的实时风险等级。

4.4.1.4 典型应用案例

场景：某天然气管道穿越山区，需评估雨季滑坡风险。

数据整合：收集管道矢量数据、10m 分辨率 DEM、历史滑坡点（50 处）、年平均降水量（1000～1500mm）、植被覆盖度（NDVI 值为 0.3～0.8）。

关键分析：坡度＞30° 区域占管道总长的 18%，集中在中段；距河流＜200m 的管段占 25%，受侵蚀风险较高；利用随机森林模型训练，识别坡度（重要性 0.35）、距河流距离（0.28）、植被覆盖度（0.22）为主要风险因子。

结果输出：生成风险等级图，标注高风险管段 3 处（总长 5.2km），建议部署地表位移监测仪并加强排水工程。

4.4.1.5 技术优势与挑战

（1）优势

① 空间直观性：通过地图、三维场景清晰展示风险分布，降低决策门槛。

② 多维度集成：融合地质、地形、气象等多源数据，实现“因果-空间-过程”的综合分析。

③ 动态更新能力：支持实时数据接入，适应地质灾害的时效性特征。

（2）挑战

① 数据瓶颈：高精度地质数据（如断层活动性参数）获取成本高，中小尺度评价中数据分辨率不足。

② 模型泛化难题：不同区域的灾害主导因子差异大，需结合当地专家知识调整模型参数。

③ 计算资源需求：高分辨率栅格运算（如 1m DEM）对硬件性能要求较高，需借助 GIS 分布式计算或云计算优化。

4.4.1.6 发展趋势

① 与物联网（IoT）结合：通过传感器网络实时采集土壤湿度、裂缝宽度等数据，动态更新 GIS 风险模型。

② 人工智能深度融合：利用深度学习（如 CNN）自动提取遥感影像中的灾害隐患（如崩塌壁、松散堆积体）。

③ 轻量化 Web 应用：开发低代码 GIS 平台，支持基层运维人员快速生成定制化风险评价报告。

通过 GIS 空间分析技术，可将管道地质灾害评价从“经验驱动”转向“数据-模型-空间智能”驱动，显著提升风险识别的精准度与管理效率，为管道安全运营提供全生命周期的空间决策支持。

4.4.2 InSAR 与无人机监测技术

4.4.2.1 InSAR 技术的应用

(1) 技术原理

InSAR 技术基于雷达回波信号的相位差，通过重复轨道或差分干涉测量，获取地表毫米级至厘米级的形变信息。其核心原理是利用雷达波穿透云层、不受光照条件限制的特性，对同一区域进行多次观测，对比不同时相的雷达影像相位信息，计算地表在时间序列上的位移变化。常见的 InSAR 技术包括 D-InSAR（差分干涉测量）、PS-InSAR（永久散射体干涉测量）和 SBAS-InSAR（小基线集干涉测量），分别适用于不同场景和数据条件。

(2) 数据采集与处理

① 数据采集：利用星载雷达（如欧洲航天局的 Sentinel-1 卫星，重访周期 12 天）或机载雷达，按固定周期获取管道沿线雷达影像。

② 处理流程：首先对影像进行配准、干涉处理，生成干涉图，然后去除地形相位、大气相位等噪声干扰，最后通过相位解缠和地理编码，将形变信息转换为地理坐标系下的位移数据，生成地表形变监测图。

(3) 应用场景

① 大范围趋势监测：对管道全线进行宏观尺度的长期形变监测，快速识别潜在地质灾害区域，例如，在青藏高原冻土区管道监测中，InSAR 可捕捉冻土消融导致的地表缓慢沉降趋势，提前预警管道因地基不稳产生的变形风险。

② 灾害隐患识别：通过分析形变速率和累积位移，定位滑坡、地面塌陷等灾害隐患点，若某区域连续 3 个月形变速率超过 5mm/月，即可判定为高风险区域。

③ 灾后评估：在地质灾害发生后，快速评估灾害影响范围和破坏程度，为管道抢修和恢复提供数据支持，如地震后，InSAR 能迅速绘制出地表破裂带和管道沿线的形变分布图。

(4) 案例分析

王小松[13] 在《运用 InSAR 技术的中缅管道永平县段滑坡识别研究》中指

出，中缅管道永平县段地处横断山脉，地质灾害复杂隐蔽，传统技术难以全面识别，而滑坡灾害对管道安全威胁显著。研究利用 2019 年 1 月至 2021 年 12 月的 45 景 Sentinel-1A 升轨数据，采用 SBAS-InSAR 技术，对管道沿线约 55km、左右 2.5km 范围的区域进行滑坡识别，通过设置空间基线 185m 和时间基线 48d 的阈值，以 2020 年 11 月 15 日为主图像，经相位解缠、地形相位校正等处理，获取了研究区地表形变信息。结果表明，该技术成功识别出 9 处威胁管道的隐患点，经野外调查确认 7 处为滑坡地质灾害，2 处为人类工程活动所致，其中典型 HP01 滑坡中部年均形变速率达－27mm/a，会对管道产生影响，验证了 SBAS-InSAR 技术在管道沿线滑坡隐患识别中的有效性，为油气管道安全运营及选线提供科学依据。

方迎潮等[14] 在《基于时序 InSAR 技术的中贵天然气管道天水市段沿线滑坡隐患识别与形变分析》中指出，中贵天然气管道天水市段地处黄土高原，地貌类型多样且地质灾害隐蔽性强，传统技术难以有效识别。研究采用 2019 年 1 月至 2021 年 12 月的 89 景升轨和 90 景降轨 Sentinel-1A 卫星数据，基于 SBAS-InSAR 技术，通过设置 250m 空间基线和 72d 时间基线阈值，结合 30m SRTM DEM 数据进行地形相位校正，对管道沿线 2km 范围内的滑坡隐患进行解译识别与现场复核。结果显示，研究区共识别出 17 处滑坡隐患点，其中 13 处经现场验证为滑坡地质灾害，4 处为人类工程活动区，且滑坡多发生在坡度 40°～50°、高差 400～600m、东北坡向及距管道 100～150m 范围内，地层以第四系全新统冲洪积层为主。典型案例分析表明，常沟村和磨峪沟村滑坡形变与降雨呈正相关，在降雨作用下易发生蠕滑。该研究证实，联合升降轨的时序 InSAR 技术可有效识别管道沿线滑坡隐患，为油气管线安全运营及选线提供科学依据。

4.4.2.2 无人机监测技术的应用

（1）技术原理

无人机搭载高分辨率光学相机、LiDAR（激光雷达）等传感器，通过低空飞行对管道沿线进行近距离数据采集。光学相机可获取高分辨率影像，用于识别地表裂缝、植被破坏等灾害迹象；LiDAR 通过发射激光束，获取高精度三维地形数据，用于地形地貌分析和灾害模拟。

（2）数据采集与处理

① 数据采集：根据管道地形和监测需求，规划无人机飞行航线，设置合适的飞行高度（通常为 100～300m）和拍摄参数，确保数据覆盖完整、分辨率达标。

② 处理流程：利用摄影测量或点云处理软件（如 Pix4D、CloudCompare），对采集的数据进行处理。光学影像经空中三角测量加密、三维建模，生成数字正射影像（DOM）和数字表面模型（DSM）；LiDAR 点云数据经过滤波、分类，提取地形和地物信息，生成高精度 DEM。

（3）应用场景

① 局部精细探测：针对 InSAR 识别出的高风险区域，进行无人机精细化监测，识别微小裂缝、危岩体等隐患。例如，在山区管道边坡监测中，无人机可获取厘米级分辨率影像，发现人工巡检难以察觉的细微裂缝。

② 地形地貌分析：利用 LiDAR 数据生成高精度地形模型，分析坡度、坡向、汇水面积等地形因子，评估地质灾害发生的可能性。如在泥石流沟谷管道穿越段，通过地形分析优化管道防护方案。

③ 应急响应：在灾害发生时，无人机快速抵达现场，实时回传影像和地形数据，辅助应急指挥决策。如管道沿线发生山体滑坡，无人机可迅速获取滑坡体规模和管道受损情况，为抢修方案的制定提供依据。

（4）案例分析

在西南某管道沿线崩塌灾害监测中，无人机搭载 1 亿像素相机和 LiDAR 设备，对长 2km 的高陡边坡进行监测。通过三维建模，发现 3 处危岩体，体积约为 50～200m^3，并利用点云数据分析危岩体的稳定性。运维部门根据监测结果，及时对危岩体进行了爆破清除，消除了管道安全隐患。

罗志强等[15] 在《无人机在天然气长输管道地质灾害预警的应用》中指出，长输天然气管道穿越地质灾害风险区时，易受山体滑坡、洪水等威胁，而无人机具备飞行灵活、成本低、安全性高等优势，可有效应用于管道巡检与地质灾害预警。无人机系统由飞行平台、信息采集与地面控制子系统构成，通过搭载可见光、红外等传感器及 LiDAR 设备，能实现对管道本体及周边环境的全天候监测，其应用涵盖常规线路巡查、灾害现场数据传输、滑坡位移监测及极端天气预警等场景。具体工作流程包括适航查勘、航线设计、数据采集与处理等环节，可及时发现管道泄漏、周边施工破坏及地质灾害隐患。例如，通过多次航拍影像对比能提前标定滑坡体位移变化，结合后台数据处理可自动识别异常点并预警。该研究证实，无人机技术在长输管道地质灾害预警中可弥补人工巡检效率低、预警滞后等不足，尤其适用于偏远危险区域，可为管道安全运营提供可视化、数字化的技术支撑。

4.4.2.3　两种技术的协同应用

InSAR 与无人机监测技术优势互补，可形成“宏观监测—精细排查—动态跟踪”的完整监测体系。

① 宏观到微观结合：InSAR 进行大范围扫描，识别潜在风险区域；无人机对重点区域进行精细化探测，获取高分辨率数据。

② 时空互补：InSAR 提供长时间序列的形变趋势分析，无人机则在特定时间节点进行详细调查，捕捉灾害发生前的关键变化。

③ 数据融合：将 InSAR 的形变数据与无人机的三维地形数据融合，构建更全面的地质灾害评价模型，提升风险评价的准确性和可靠性。

在实际应用中，两种技术的协同使用显著提高了管道地质灾害监测的效率和精度，为管道的安全运行提供了强有力的技术保障。高姣姣等[16] 在《无人机遥感在西气东输管道地质灾害调查中的应用》中指出，无人机遥感技术在地质灾害调查中具有自动化、智能化、快速获取空间遥感信息的优势。该研究以陕西省延安子长县西气东输管道段为对象，利用无人机遥感系统（由空中、地面和数据后处理部分组成）进行航拍，获取了 1∶5000 比例尺、分辨率 0.41m 的影像，通过外业航拍、正射影像生成、影像判读等流程，结合 VirtuoZo 数字摄影测量工作站制作数字正射影像图，解译出调查区 24 段 30 个地质灾害点，包括滑坡、崩塌、不稳定斜坡、溯源侵蚀等类型，经外业复核验证，解译准确率达 93.75%。研究表明，无人机遥感影像空间分辨率高，能清晰识别地质灾害细节特征，数据采集成本低、飞行灵活，可在黄土高原区地质灾害详细调查中推广应用，为地质灾害动态监测奠定基础。

4.5 风险评价方法对比与选择

4.5.1 风险评价方法对比

层次分析法、证据权法、SVM、GIS+InSAR 等风险评价方法的对比与选择见表 4-8。

表 4-8 方法对比

方法类型	数据需求	计算复杂度	空间精度	典型场景	推荐指数
定性评价法	中等	★★☆☆	区域级	初步风险筛查	★★★★
层次分析法	中等	★★☆☆	区域级	初步风险筛查	★★★★

续表

方法类型	数据需求	计算复杂度	空间精度	典型场景	推荐指数
证据权法	中等	★★★☆	段落级	多因子相关性分析	★★★☆
SVM	高	★★★★	管体级	复杂地形精细评估	★★★★
GIS+ InSAR	极高	★★★☆	毫米级	动态监测与预警	★★★★

4.5.1.1 数据需求对比

各方法的数据需求对比见表 4-9。

表 4-9 数据需求对比

方法	数据类型与需求
定性评价法	需大量专家经验数据和基础地质、地形数据，对数据完整性和准确性要求低，适合数据不足的场景
层次分析法	需少量专家经验数据和基础地质、地形数据，对数据完整性和准确性要求相对较低，适合数据相对不足的场景
证据权法	依赖大量历史灾害数据及地形、地质、气象等环境数据，数据越丰富，权重计算越准确
支持向量机	要求一定数量的标注样本数据，数据特征需经过筛选和预处理，对数据质量和特征工程要求较高
GIS+ InSAR	需多源空间数据（DEM、遥感影像等）和 InSAR 时序形变数据，InSAR 数据可通过卫星获取，但需 GIS 进行专业处理

4.5.1.2 准确性与适用性对比

（1）准确性

定性分析法：符合基础场景的风险分级需求，易于操作，受专家主观影响较大，准确性受多种因素影响。

层次分析法：受专家主观影响较大，准确性一般，在数据稀缺区域精度较低。

证据权法：基于数据统计计算权重，在数据充足时能较好反映灾害与因子的相关性，但假设因子独立，实际应用中可能存在偏差。

支持向量机：通过训练学习数据特征，在样本质量高、特征选择合理时准确性较高，尤其适用于非线性复杂关系的挖掘。

GIS＋InSAR：结合空间分析与形变监测，能实时反映地表形变趋势，对滑坡、地面沉降等灾害的监测准确性高，且可视化效果好。

（2）适用性

定性分析法：适用于管道初步规划阶段的风险筛查，以及缺乏数据时的快速评估。

层次分析法：适用于管道初步规划阶段的风险筛查，以及缺乏数据时的快速评估。

证据权法：适用于区域尺度的地质灾害易发性评价，适合数据相对充足、因子独立性较好的地区。

支持向量机：适用于数据量适中、地质条件复杂且难以用传统模型描述的场景，可用于灾害类型分类和风险等级预测。

GIS＋InSAR：适用于管道全线的长期动态监测，尤其在地形复杂、人工巡检困难区域，可及时发现潜在灾害隐患。

4.5.1.3 选择建议

(1) 数据条件导向

① 数据稀缺时，优先选择层次分析法。

② 数据丰富时，证据权法、SVM 和 GIS＋InSAR 更具优势，其中 SVM 对样本标注要求高，GIS＋nSAR 需具备专业数据处理能力。

(2) 评价阶段与目的导向

① 规划阶段：采用层次分析法或证据权法进行风险初筛。

② 运营阶段：使用 SVM 进行精准风险预测，结合 GIS＋InSAR 进行实时动态监测。

(3) 成本与技术能力导向

① 预算有限、技术能力不足时，选择层次分析法或证据权法。

② 具备较强技术实力和预算充足时，可采用 SVM 和 GIS＋InSAR 技术。

在实际应用中，也可将多种方法结合使用，如先用层次分析法或证据权法进行初步风险识别，再用 SVM 进行精细化预测，最后利用 GIS＋InSAR 进行动态验证与监测，从而实现对管道地质灾害的全面、准确评价。

4.5.2 组合方法应用策略

4.5.2.1 组合方法的核心逻辑

管道风险评价涉及多维度因素与复杂场景，单一方法难以全面覆盖需求。组合方法通过整合不同技术的优势，形成“优势互补、层层递进”的评价体系。例如，利用定性方法进行宏观判断，结合定量模型实现精准分析，再借助监测技术动态验证，从而提升评价的准确性、可靠性与时效性。

4.5.2.2 常见组合策略与应用场景

(1) 层次分析法（AHP）＋证据权法（WofE）

组合逻辑：AHP 通过专家经验确定评价指标权重，构建风险评价框架；

WofE 基于历史数据和空间分析，量化各指标对灾害的贡献度，修正 AHP 的主观偏差。

应用场景：适用于数据相对不足但需兼顾主观经验与客观数据的区域，如管道规划初期的大范围风险筛查。例如，在某新建管道项目中，先用 AHP 确定地形、地质、气象等因素的权重，再利用 WofE 结合有限的历史灾害数据，优化权重分配，初步划定高风险区域。

(2) 支持向量机（SVM）＋GIS＋InSAR

组合逻辑：SVM 利用历史数据训练模型，实现对地质灾害的精准分类与风险等级预测；GIS 整合多源空间数据，提供风险的空间可视化与分析功能；InSAR 实时监测地表形变，动态验证 SVM 预测结果。

应用场景：适用于管道运营阶段的精细化风险评价与动态监测。例如，在山区管道监测中，SVM 模型预测出某区域存在滑坡风险，GIS 通过空间分析明确风险影响范围，InSAR 持续监测该区域地表形变，实时反馈风险变化，为管道维护提供科学依据。

傅文杰等[17] 将 SVM 与遥感影像、DEM 结合，实现了灾害信息的快速提取和空间分析。

(3) 随机森林（RF）＋深度学习

组合逻辑：RF 通过集成多个决策树，快速评估各风险因素的重要性，筛选关键特征；深度学习（如 CNN、LSTM）基于筛选后的特征，挖掘复杂数据中的潜在模式，提升预测精度。

应用场景：适用于数据量大、地质条件复杂的场景。例如，在某跨国管道项目中，先利用 RF 对地形、地质、气象等大量数据进行特征筛选，再使用 LSTM 模型对时序监测数据进行分析，准确预测泥石流灾害发生的概率。

(4) GIS＋多种模型集成

组合逻辑：以 GIS 为数据集成与分析平台，将层次分析法、证据权法、SVM 等模型的评价结果进行空间叠加与融合，生成综合风险评价图。

应用场景：适用于全周期管道风险评价，从规划到运营阶段均可使用。例如，在管道风险普查中，将 AHP 的权重结果、SVM 的预测结果、InSAR 的形变数据在 GIS 中整合，直观展示不同区域的风险等级与影响因素。

王小浩等[18] 在《基于加权证据权法的吴堡地质灾害敏感性评价研究》中指出，针对晋陕黄土高原河曲—韩城段吴堡县 1∶50000 地质灾害调查区（面积 419km^2，发育 158 个滑坡、崩塌等灾害点），选取高程、坡度、地层等 8 个影响因子，运用 ArcGIS 空间分析技术，结合证据权法与层次分析法（AHP）构建敏感性评价模型。研究通过计算各因子正负证据权值（如坡度 26°～58°区间证据权值达 1.842）并加权叠加，将研究区划分为高、中、低、极低易发区，其中高易发区占 17%，却集中了 60% 的灾害点。经 ROC 曲线验证，模型 AUC 值为 0.821，表明预测精度较高。该研究揭示了沿黄公路修筑、人类活动及岩性差异等是灾害主要诱因，为区域地质灾害防控与防灾减灾提供了科学的空间决策依据。

4.5.2.3 组合方法实施步骤

（1）明确评价目标与需求

根据管道所处阶段（规划、建设、运营）和评价目的（风险筛查、精准预测、动态监测），确定所需方法组合。例如，运营阶段的管道侧重实时监测与精准预测，可选择 SVM＋GIS＋InSAR 组合。

（2）数据整合与预处理

收集地形、地质、气象、管道属性等多源数据，进行清洗、归一化、格式转换等预处理，确保数据兼容。同时，将数据统一到 GIS 平台，便于后续分析与模型训练。

（3）分阶段应用不同方法

按照组合策略，分步骤应用各方法。如先使用 AHP 或 RF 进行初步分析，再用 WofE 或深度学习模型深化评估，最后通过 GIS 和 InSAR 进行空间分析与动态验证。

（4）结果融合与验证

将不同方法的评价结果进行融合，可采用加权求和、投票表决等方式。利用实际监测数据或历史灾害事件对融合结果进行验证，评估组合方法的有效性，必要时调整方法或参数。

（5）建立动态评价机制

考虑到地质条件与环境因素的动态变化，应定期更新数据，重新运行组合模型，实现对管道风险的持续监测与评价，确保评价结果的时效性。

4.5.2.4 组合方法应用的关键要点

（1）方法适配性

确保组合方法的原理与数据特征相匹配，避免方法冲突。例如，若数据非线性关系明显，应选择 SVM、深度学习等方法，而非线性方法。

（2）数据一致性

多方法组合需保证数据来源可靠、格式统一，防止因数据差异导致评价偏差。

(3) 成本效益平衡

综合考虑技术成本（设备、软件、人力）与评价精度需求，选择性价比高的组合方案。例如，在数据有限且预算不足时，优先选择 AHP＋WofE 组合。

通过合理的组合方法应用策略，可显著提升管道风险评价的科学性与实用性，为管道全生命周期的安全管理提供有力支持。

第5章 管道监测与预警技术

5.1 管道地质灾害监测技术

5.1.1 管道地质环境监测技术

5.1.1.1 地质环境监测技术的分类

地质灾害监测的主要任务为监测地质灾害时空演变信息（包括形变、地球物理场、化学场、诱发因素等），并最大程度获取连续的空间变形数据，应用于地质灾害的稳定性评价、预测预报和防治工程的合理选取。参照地质灾害监测任务及监测参数的不同，地质灾害监测技术方法主要分为物理与化学场监测、诱发因素监测。

主要地质灾害监测方法如表 5-1 所示。

表 5-1 主要地质灾害监测方法

<table>
<tr><th colspan="3">种类</th><th>适用性</th></tr>
<tr><td rowspan="10">物理与化学场监测</td><td rowspan="3">变形监测</td><td>宏观地质调查</td><td>各种地质灾害的实地宏观地质巡查</td></tr>
<tr><td>地表位移监测</td><td>崩塌、滑坡、泥石流和地面沉降等地质灾害的地表整体位移和裂缝位移监测</td></tr>
<tr><td>深部位移监测</td><td>对具有明显深部滑移特征的崩塌、滑坡灾害的深部位移监测</td></tr>
<tr><td colspan="2">应力场监测</td><td>崩塌、滑坡、泥石流等灾害体特殊部位或整体应力场变化监测</td></tr>
<tr><td colspan="2">地声监测</td><td>岩质崩塌、滑坡以及泥石流灾害过程中的声发射事件特征</td></tr>
<tr><td colspan="2">电磁场监测</td><td>灾害体演化过程中的电场、电磁场的变化信息</td></tr>
<tr><td colspan="2">灾害体温度监测</td><td>滑坡、泥石流等地质灾害在活动过程中的灾体温度变化信息</td></tr>
<tr><td colspan="2">放射性测量</td><td>裂缝、塌陷等灾害体特殊部位的氡气异常</td></tr>
<tr><td colspan="2">汞气测量</td><td>裂缝、塌陷等灾害体特殊部位的汞气异常</td></tr>
</table>

续表

种类			适用性
诱发因素监测	地下水监测	地下水动态监测	滑坡、泥石流、地面塌陷等灾害的地下水位动态变化
		孔隙水压力监测	滑坡、泥石流灾害的内部孔隙水压力
		地下水质监测	滑坡、泥石流、地面塌陷、海水入侵等灾害的地下水质
	气象监测		崩塌、滑坡、泥石流、塌陷、地裂缝等明显受降水影响的地质灾害
	地震监测		崩塌、滑坡、泥石流、地面塌陷等明显受地震影响的地质灾害
	人类工程活动		人类工程活动对地质灾害的形成、发展过程的影响

中国地质调查局根据地质灾害监测信息的种类、来源及性质，将监测技术方法分为直接信息类、间接信息类和诱发因素类。直接信息类主要包括以位移形变和应力变化等宏观信息为主的监测技术，例如地表变形监测、地下变形监测。间接信息类包括以灾害体物理场、化学场等场变化信息为主的监测技术，例如地声、地温、地应力、岩石压力等。诱发因素类监测技术方法主要监测降雨量、孔隙水压力、地下水流量、土壤含水量、人类活动等。

5.1.1.2 地质环境监测方法

（1）物理与化学场监测

① 变形监测。变形监测技术主要包括地质宏观调查、地表位移监测、深部位移监测，其中地质宏观调查技术是针对各种地质灾害的实地宏观地质巡查，本章主要介绍另外两种监测技术。

a. 地表位移监测。地表位移监测技术根据监测位移量的参照点分为相对位移监测和绝对位移监测。

相对位移监测是监测灾害体各变形部位点与点之间相对位移变化的一种常用变形监测方法，主要用于灾害体上及其周边发生较大相对位移的部位。常用监测措施包括简易裂缝监测（千分尺、钢卷尺直接测量等）、裂缝仪器监测（裂缝计、伸缩仪等）、数字化近景摄影和激光位移监测等。

绝对位移监测是指监测灾害体上的测点相对于其外部的一个（或多个）固定基准点的三维坐标，从而得出测点的三维变形位移量、位移方位与变形速率等。

地表位移常用的监测方法有大地测量、GPS（全球定位系统）测量、激光全息摄影、遥感、近景摄影、测缝计等。

大地测量是为建立和维持测绘基准与测绘系统而进行的确定位置、地球形状、重力场及其随时间和空间变化的测绘活动，具有精度高、技术成熟、资料可靠等优点，是工程测量以及地形测量的基础工作，是用于建立大地控制网的基本手段。大地测量的内容包括三角测量、精密导线测量、水准测量、天文测量、卫星大地测量、重力测量和大地测量计算等。一般用精密导线测量、三边测量、三角测量、边角测量等建立平面控制网。用水准测量建立高程控制网，水准仪如图5-1所示。传统的大地测量方式工作量比较大，并且受气候和地形视通条件影响。现在大地测量法已经延伸到使用卫星技术进行更广阔区域的测量。

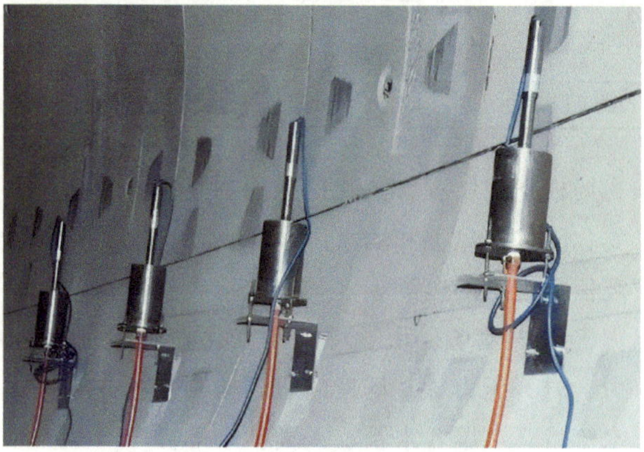

图 5-1 自动化变形监测设备（水准仪）

GPS定位技术具有高精度、高效率和低成本的优点，在各类大地测量控制网的加强改造和建立以及大型构造物的变形测量中得到了较为广泛的应用，并取得了较好的效果。随着GPS技术的不断改进，我国在长期自动化GPS监测方面也取得了丰富的经验。李家峡水电站2号滑坡的GPS平面监测精度在1999年就已经达到1.2～1.6mm，高程精度小于3.0mm；四川雅安峡口滑坡的15个GPS监测点可准确反映该滑坡的滑动趋势和位移量；三峡库区地质灾害GPS监测网取得了不错的阶段性成果。原武汉测绘科技大学在隔河岩水库大坝建立了GPS自动化监测系统；长江三角洲GPS气象综合网也实现了长期自动化作业。

GPS是以卫星为基础的无线电导航定位系统，因而具有全能性（陆地、海洋、航空和航天）、全球性、全天候、连续性和实时性的特点。但是，卫星对大地测量中复杂的误差源和通视条件的要求使山区滑坡高精度变形监测受到了一定的限制，设备状况和操作技术亦对其精度构成影响。和传统的经纬仪、全站仪大地测量方法相比，GPS技术优势与缺点共存，具有点位选择的自由度较低、整体环境对GPS观测不利、函数关系复杂误差源多等缺点，在实际应用中不可期待GPS完美替代传统方法，应当视具体条件区别对待。

目前的GPS监测终端主要实现地表位移、雨量的监测功能，有单频和双频两种。单频 GPS 监测适用于监测成本敏感、位移变化速度慢、变形量小、基线较短的地质灾害监测。双频 GPS 采用 RTK 技术，具有响应速度快，灵敏度高的特点，适用于变化速度快、变形量大、基线长的地质灾害监测。表 5-2 和表 5-3 分别是单频 GPS 监测终端和双频 GPS 监测终端的技术参数。

表 5-2　单频 GPS 监测终端参数

参数名称	参数说明
GPS 信号类型	单频 12 通道，L_1载波输出
数据更新率	原始数据更新率：20Hz 定位数据更新率：20Hz
数据输出频率	1Hz
工作模式	基准站/移动站
定位精度	平面动态实时精度：14～24mm
后处理精度	10mm
雨量接口	接口数量：1 信号类型：脉冲
通信方式	串口、GPRS

表 5-3　双频 GPS 监测终端参数

参数名称	参数说明
GPS 信号类型	GPS L_1 C/A 码和载波相位，L_2 P（Y）L_2C 码载波相位，双频 28 通道
数据更新率	原始数据更新率：20Hz 定位数据更新率：20Hz
数据输出频率	1Hz
工作模式	MW_DGPS：基准站/移动站 MW_DGPS_B：基准站
RTK 实时精度	20mm
后处理精度	平面：±（10mm + 1mm/km） 高程：±（20mm + 1mm/km）
雨量接口	接口数量：1 信号类型：脉冲
通信方式	串口、GPRS

除了地裂缝以外，滑坡、崩塌等地质灾害同样存在裂缝特征。出现崩滑的坡体表面通常会含有大量裂缝，裂缝会呈现出特定的规律性。如：崩塌坡体通常会含有大量的拉张裂缝，裂缝、裂隙将坡体切割开，甚至出现贯通的现象，从而使崩塌体脱离山体。扇形裂缝通常位于滑坡体舌部、中部或前部。在压力

的影响下，滑坡体前部的裂缝方向通常与滑移方向垂直，为鼓张裂缝。剪切裂缝通常位于滑坡体的中部两侧，呈羽毛的形状。拉张裂缝通常位于滑坡体上部，且裂缝呈弧形。对裂缝的测量通常能直接反应灾害的发展情况。典型裂缝计见图 5-2。

例如南京基泰土木工程仪器有限公司生产 VJ400 振弦式测缝计，可以用来测量崩塌（危岩）的裂缝宽度。通常在混凝土建筑物、水工设施的表面或内部埋设 VJ400 型振弦式测缝计，对结构物周边缝、伸缩缝的开合度进行测量。VJ400 测缝计具有结构稳定、可靠性高、品质好、适用范围广、原理简单、使用方便、便于携带等优点；采用不锈钢结构，具有高防水性能；利用振弦工作原理，数字量输出，接长电缆可达 1000m；可兼测埋设点温度，应变测值可准确修正。VJ400 的技术参数如表 5-4 所示。

表 5-4 VJ400 振弦式测缝计的技术参数

参数名称	VJ400-20	VJ400-50	VJ400-100	VJ400-200
最大外径外形尺寸/mm	Φ25×190	Φ25×228	Φ25×290	Φ25×560
测量范围/mm	20	50	100	200
分辨力 K/（%F·S/F）	≤0.05%			
温度测量范围/℃	-25~60			
温度测量精度/℃	±0.5			
温度修正系数 b/（%F·S/℃）	0.05			
防渗水压力/MPa	≥1			

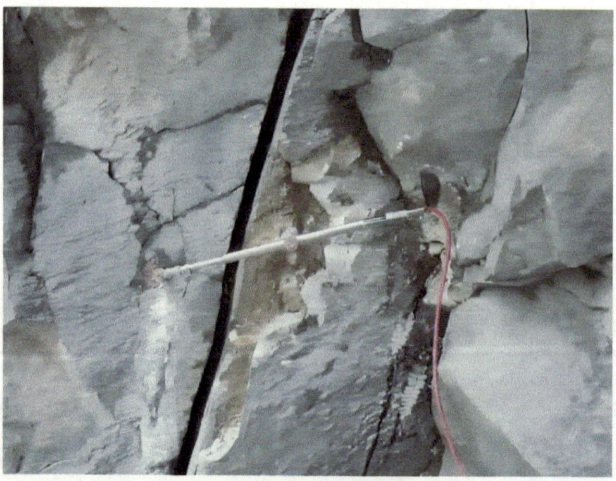

图 5-2 典型裂缝计

在摄影测量领域中，近景摄影测量占有举足轻重的地位，主要用于摄影和研究近距离的物品，用二维、三维坐标准确地描绘出物体，在裂缝测量领域得到广泛应用。摄影技术及电子数据处理技术的提高，使得近景摄影测量有了快速的发展。地质灾害多发区通常位于危险系数高、通行困难的地区。现有大部分位移监测技术测量难度高、耗费大。卫星遥感技术具有实施容易、适用性广的优点，但是测量结果不够准确，并且不适用于应急观测。飞机微波遥感具有较强的适应天气、气候的能力，但获取影像资料的成本也较高，在实际应用也不能替代可见光和红外遥感。无人机的普及使得这些问题可以用近景摄影测量解决。近景摄影测量也可用于定点对固定目标的测量，与其他位移计等方法相比，摄影测量能获得平面甚至立体的完整数据，而非某几个点或线。

b. 深部位移监测。深部位移监测主要监测灾害体内部的相对或绝对位移。目前主要应用于滑坡、不稳定斜坡的滑动变形面监测，常用监测方法有简易监测法（塑料管-钢棒监测）、应变管监测、钻孔倾斜法及多点位移计监测等。深部位移监测技术较为成熟，精度较高，已作为常规监测技术用于地质灾害监测。

钻孔倾斜法是一种用于观测钻孔内目标深度岩（土）体横向位移矢量的原位测试监测手段。钻孔倾斜法基于地球重力场的作用，通过测量钻孔内重力方向的变化来推算钻孔的倾斜角度和方位角，确定钻孔的空间位置和轨迹，从而为地质勘探、瓦斯抽放、水害防治等提供准确的数据支持。例如，在地质勘探中，通过钻孔倾斜法可以确定煤层的走向和倾角；在瓦斯抽放中，可以指导钻孔的布置和优化抽放效果；在水害防治中，可以监测地下水的流动情况和预测水害的发生。

钻孔倾斜法使用的设备为测斜仪。测斜仪的类型包括滑动电阻式、滑动电阻片式、钢弦式、伺服加速度计式和电解式。其中，伺服加速度计式应用较为广泛。

以南京基泰土木工程仪器有限公司生产的 MI600 型硅微式固定倾斜仪为例，其技术参数如表 5-5 所示。

表 5-5　MI600 型硅微式固定倾斜仪的技术参数

参数名称	参数说明			
轴向数	单轴		双轴	
测量范围/(°)	±15	±30	±15	±30
分辨力/(")	4	4	8	8
综合误差/(%F·S)	≤0.1			
零点稳定性≤/[(°)/年]	0.005	0.01	0.005	0.01
耐水压/MPa	1			

① TDR 监测。时域反射技术（Time domain reflectometry，TDR），是雷达探测技术的一种应用。TDR 监测系统是利用电缆变形会使同轴电缆的阻抗特性发生变化这一特点对被测对象进行监测的。目前，还没有相应的完整理论来解释同轴电缆的阻抗变化引起的电磁波反射信号变化和电缆变形情况的关系，因此实际变形量只能以室内重复实验的结果进行拟合估算，具有较大的不确定性。TDR 主要用于判别滑坡体变形部位的深度，能够和固定安装的钻孔倾斜仪形成一定的互补关系。

TDR 可用于监测各种岩土工程设置中的斜坡运动，包括高速公路切割、铁路路基和露天矿。在使用 TDR 的稳定性监测应用中，同轴电缆安装在穿过所关注区域的垂直钻孔中。沿着同轴电缆的任何点处的电阻抗随着导体之间绝缘体的变形而变化。电缆周围有一个脆性灌浆，可将地球运动转化为突然的电缆变形，在变形迹线中显示为可探测的峰值。目前该技术对小斜率运动相对不敏感，并且不能自动化，依赖于人类检测反射迹线随时间的变化。

TDR 监测的方法：在滑坡体钻一个检测孔，该检测孔需要穿透滑坡的滑移面，在孔内垂直埋设同轴电缆，并将脉冲信号添加到电缆中。将同轴电缆安装好后，如果滑坡体出现形变，那么在外力的影响下，同轴电缆也会出现形变，电缆的阻抗特性会出现显著差异，这将使得产生的反射信号与未发生变形时不同。用监测仪接收反射信号，根据搜集到的数据，按照相关理论和公式处理幅度、时间数据，就可以推断出同轴电缆变形程度，进而达到动态监测滑坡的目的。

② 应力场监测。应力场监测是地质灾害监测的传统方法，是对灾害体受力情况的直接反应，研究应力场的变化与地质灾害之间的动态关系，对于研究地质灾害发生的力学机制，以及灾害的预测、预报有重要的意义。应力场监测具体的设备有钢筋应力计、锚杆/索测力计、土压力盒等。

钢筋应力计的设备例如丹东三达岩土工程测量仪器厂生产 GJL 型钢筋应力计测量钢筋应力。该型号应力计可用于Ⅳ型高强钢筋应力，在不改变零点频率的条件下，可以转换压力和拉力；传感器具有测量结果准确、稳定性好、密封性强的优点，可采用螺纹套管、挤压接头、对焊等方式与钢筋连接。技术参数如表 5-6 所示。

表 5-6 GJL 型钢筋应力计技术参数

规格		Φ12	Φ14	Φ16	Φ18	Φ20	Φ22	Φ25	Φ28	Φ30	Φ32	Φ36	Φ40
量程/kN	GJL-2	22	30	40	50	60	80	100	120	140	160	200	250
	GJL-3	40	60	80	100	120	150	200	240	280	320	400	500

续表

规格	Φ12	Φ14	Φ16	Φ18	Φ20	Φ22	Φ25	Φ28	Φ30	Φ32	Φ36	Φ40
分辨率/(%F.S)	≤0.2											
综合误差/(%F.S)	≤1											

锚杆/索测力计的典型设备有丹东三达岩土工程测量仪器厂生产GML锚杆测力计和GMS锚索测力计，其技术参数如表5-7所示。

GML-3型锚杆测力计具有性能稳定、测量精度高的特点，在加固边坡、隧道、山体滑坡治理、结构抗浮抗倾、深基坑支护、采矿巷道和工作面、地下工程中用于普通锚杆（钉）拉力（内锚段应力）的测定。

表5-7 锚杆/索测力计的参数

参数名称	GML型锚杆测力计参数	GMS型锚索测力计参数
量程/kN	15~500(按用户要求)	200~4000(按用户要求)
穿心孔直径/mm	Φ10~Φ45(与锚杆直径配合)	Φ45~Φ200(与锚具尺寸配合)
分辨率/(%F·S)	≤0.15	
综合误差/(%F·S)	≤2.5	

③ 布里渊光时域反射（BOTDR）监测。BOTDR技术利用光波在光纤中传播时产生的后向散射光的频谱与功率特征与外界环境（温度、应变）相关的特性，来获得被测对象的温度、应变分布及变化。温度、应变、应力会对光纤背向布里渊散射频率造成显著影响，线性关系显著。测量结果的准确性和有效性是由背向布里渊散射光的灵敏性决定的，测量结果的准确度能够达到10^{-5}。相较于传统测量技术，BOTDR具有耐久性好、稳定性高、测量结果准确的优点，能够进行长距离的测试，支持分布式测试，可提高测量效率。相较于光纤传感技术，BOTDR无需重新加工和处理光纤，能够实现数据传输和传感的集成，不必特殊维护和保护光纤线路，按照相关标准处理布里渊散射光信号即可，建设和测试成本低，为系统搭建、线路敷设、实际测量提供方便。

BOTDR监测在隧道、大坝、桥梁、高铁等项目的测量、诊断中得到广泛应用，取得了丰硕的成果，积累了大量的实践经验。目前，韩国、日本等逐渐在边坡工程变形监测中使用BOTDR技术。我国关于BOTDR的研究起步较晚，在隧道、桥梁变形监测中有一定应用，然而在边坡、滑坡形变监测中仅进行了实验性研究，成功应用较少。施斌等研究了BOTDR技术用于大型基础工程的健康诊断的可行性。史彦新在三峡库区巫山县邓家屋场滑坡进行了分布式光纤应变监测试验，探索了光纤选型、网络布设、铺设方法等施工工艺。地质灾害巫山监测预警示范站将BOTDR光纤应变监测系统用于巫山残联滑坡、巫山国宾酒店前的公路桥、巴东沿江公路一号桥（王家滩大桥）、巴东沿江公路三号桥（万户沱大桥）等的监测，通过对铺设光纤的定期应变监测，分析各个监测目标的应变情况。

（2）诱发因素监测

① 地下水监测。地下水监测是管理部门通过动态追踪地下水水位、水质等数据，实施长期保护的技术手段，旨在掌握地下水动态变化。对于灾害体来讲，除了自然地质条件和人为扰动外，地下水是对灾害体的变形失稳起直接诱发作用的主要因素，大部分地质灾害的形成、发展均与灾害体内部或周围的地下水活动关系密切，如泥石流的产生、抽水引起的地面沉降、降雨引发的滑坡等。在灾害生成的过程中，地下水的本身特征也会发生相应变化，如孔隙水压力、地下水渗流量等。所以水环境（含降雨过程及降雨强度、地表水的流量、地下水位、水质特征、渗流量、渗流压、孔隙水压力、地下水温度等）监测是进行地质灾害稳定性评价、预测预报的主要部分。

a. 降水监测。降水监测是通过直接测量与遥感技术相结合，对降水量及其时空分布特征进行系统性监测的科学技术。核心监测手段包含雨量器直接测量法、天气雷达探测法和卫星遥感反演法三类，其中自动雨量监测站可实现分钟级数据采集，农村地区可采用简易雨量筒开展基层监测。中国气象局研发的卫星-雷达-地面融合技术，通过概率密度函数匹配与最优插值分析，构建了0.1°×0.1°的高精度业务系统，将暴雨监测时空分辨率提升至逐小时级别。直接测量法依托翻斗式、光学式雨量计等设备，通过机械或光电转换原理实现液态降水量的物理测定，其中自动监测站可实现无人值守连续记录。间接观测法运用天气雷达反射率反演降水强度，结合卫星红外与微波遥感数据估算降水参数，特别适用于地形复杂区域的监测覆盖。

一般情况下，强降水和持续降水会对滑坡和泥石流等地质灾害产生较大影响，但作用的机理与过程截然不同。强降水表现为强烈的坡面冲刷，时间短，速度快；而持续降水过程表现为降水渗入灾害体内部，引起地下水位升高或饱水度增大，静水压力增加，水岩作用加强，致灾时间相对较长，速度较慢。

雨量计是检测降雨量大小的重要气象仪器设备，雨量计的精确与否，对于正确评估地质灾害危险，进行灾害预警，以及政府部门及时下发抗灾抢险的指令，尽量减少灾害带来的损失，切实维护人身和财产安全，起着至关重要的作用。雨量计由以往的虹吸式发展到目前常用的翻斗式，以及最近的容栅式，其精度和自动化程度得到了明显的改善。

虹吸式雨量计是人工观测雨量普遍使用的工具。翻斗式雨量计通过“翻斗”记录降雨量，具有左右两个平衡的翻斗，在翻动的过程中就能够观测降雨量。翻斗雨量计存在平衡度、活动机构的机械灵活性等误差因素，导致精度基本上都不能达到标准。翻斗雨量计不能准确记录微量降雨，在测量大暴雨、暴雨时，其误差更大，误差甚至超过50%。

目前，翻斗式雨量计所计量的降雨数据，与人工观测比对结果的偏差很大。为此，气象部门虽然每年投入大量资金建设雨量观测自动站，但其所记录的降雨量只能“仅供参考”，都不能作为正式的降雨数据。目前我国的降雨数据仍然以人工观测为准。

容栅式雨量计以传感器理论为指导，根据容栅传感器的位置对降雨量进行计算。设计上没有采用触点开关，而是采用准确性高、稳定性好的数字电路，具有较强的抗干扰性和稳定性，能够准确计量细小的雨量，有效提高了雨量检测的准确度。

SRY-1 容栅式雨量计具有稳定性好、可靠性高、易于使用、测量结果准确的优点，以数字化电路为基础，是目前我国性能较高的雨量计。SRY-1 容栅式雨量计的技术参数如表 5-8 所示。

表 5-8 SRY-1 容栅式雨量计的技术参数

参数名称	参数说明
工作环境温度/℃	0~60
降雨强度/(mm/min)	0.1~5
外形尺寸/mm	直径 230，高 680
示值误差	一次性降雨≤10mm，误差≤±0.2mm；一次性降雨>10mm，误差≤±2%
工作电压(DC)/V	9~24
功耗/W	静态 0.6，动态 1.2

b. 孔隙水压力监测。孔隙水压力监测是指对地基在土体固结、基础变形和水流渗透等因素作用下土粒孔隙中水压力大小和变化所作的量测。

降雨之所以能诱发地质灾害，主要是由于雨水渗入灾害体内部，产生了容重增加、润滑、流动、孔隙水压等各种作用，例如降低了滑带处的抗剪切强度及滑床面的摩擦阻力，使得滑带处产生剪切破坏，滑体失稳，从而引起滑坡。同时，由于滑床上部的水分增加，加大了滑体重量，使得下滑力增加，引起各处的剪切应力及拉应力的增大，从而造成滑坡。通过对降雨量和降雨强度的监测可以提高滑坡等地质灾害的预报，但是雨水入渗有一定的延后性和不确定性，地表径流条件和灾害体内土体结构的不同，使得入渗到灾害体深部的入渗量、地下水流向、灾害体水容量不同，所以，根据降雨量的大小，只能粗略地估计灾害体内部的水分含量变化。

孔隙水压力监测系统通过埋设于钻孔内不同深度的监测探头感知不同层面的地下水压力以及温度变化。通过长期对地下水压力的观测分析，可以为地质灾害，特别是滑坡的预测提供依据。地下水压力的突变也可以作为判断地质灾害体的突变的依据。

GSY 型渗压计（孔隙水压力计）主要适用于水工、土建及其他工程的孔隙水压力或扬压力的测定，其技术参数如表 5-9 所示。

表 5-9　GSY 型渗压计的技术参数

参数名称	参数说明
工作方式	双线圈连续振荡
线圈阻值/Ω	激励线圈：30 感应线圈：30
量程/MPa	0~0.1、0.2、0.3、0.4、0.5、0.6、0.8、1.0、1.5、2.0、3.0
分辨率/（%F·S）	<0.15，≤0.2
综合误差/（%F·S）	<1
长期稳定性/（%F·S）	<1
密封性能	在满量程内长期工作无渗漏
工作温度/℃	0~70
外形尺寸/mm	Φ40×180，Φ33×180

c. 水位监测。水位监测可以获取地下水位的变化信息，地下水位的降低使水体岸边坡中的水分发生渗流，并且边坡失去原有水的托浮力，导致灾害易发。

水位观测设备可分为直接观测设备和间接观测设备两大类。直接观测设备主要是指各种传统水尺，包括直立式、倾斜式、矮桩式、悬锤式和测针式水尺等。间接观测设备也称为自计水位计，是利用机械、电子、压力等传感器的感应作用，间接反应水位变化，包括浮子水位计、压力水位计、超声波水位计、雷达水位计、电子水尺和激光水位计等。

MPT441 压力式水位传感器具有电压/电流转换、放大信号、温度补偿等功能，采用不锈钢材料力敏芯片、全密封焊接壳体，电缆采用防水结构，并设计有通气导管使大气与传感器背压腔直接连通，具有较高的稳定性和测量精度，输出信号电流范围是0～10mA或4～20mA，符合工业标准，是一套可靠性高、稳定性好的全固态产品。其技术参数如表5-10所示。

表5-10 MPT441压力式水位传感器参数

参数名称	参数说明
量程/m	0～1、5、…、100
输出信号	压力变送器：0～5V；0～10V；4～20mA
精度	0.1，0.2，0.3
非线性迟滞重复性/（%F·S）	≤0.1，≤0.2，≤0.3
零点漂移/（%F·S/4h）	≤0.1，≤0.2，≤0.3
零点及灵敏度温度漂移/（%F·S/℃）	≤0.01，≤0.02，≤0.03
长期稳定性/（%F·S/年）	≤±0.1；≤±0.3
补偿温度/℃	0～70
环境温度/℃	-20～85
过载能力/%	300
寿命	>1×10^8次压力循环（25℃）
响应时间/ms	≤1

d. 土壤含水率监测。土壤含水率会影响到其抗剪强度及灾害体的固有强度，也是泥石流形成的重要因素。土壤含水率测定是通过物理或化学手段对土壤中液态水分进行定量分析的技术体系，主要方法分为取样测定法和原位测定法两大类，前者通过烘干法、化学法等对获取土样进行实验室分析，后者应用传感器技术实现田间连续监测。取样测定法需采集土样进行实验室分析，包含烘干称重法、酒精燃烧法等直接测量法，以及碳化钙法等化学法。定位测定法在原始土壤环境中进行无损检测，涵盖中子仪法、TDR/FDR等非放射性法，以及γ射线法等放射性技术。

TDR技术通过测量电磁波在土壤中的传播速度，利用介电常数与含水率的定量关系实现测定。FDR技术通过分析电磁场频域反射信号的变化，转化为对应水分含量的毫伏级电信号实现测定。电阻法利用石膏块等介质电阻值随含水率变化的特性建立数学模型。

AQUA-TEL-TDR土壤水分传感器适用于测量任何类型土壤的体积含水率，采用TDR原理，可以直接输出电信号与数据采集器连接使用，也可配专用的手持读数表直接显示土壤体积含水率，因价格低廉而广泛应用于各类土壤水分含量的测定和土体的相关科学研究等领域。参数如表5-11所示。

表 5-11 AQUA-TEL-TDR 土壤水分传感器技术参数

参数名称	参数说明
量程/%	0～100
误差/（%F·S）	<3
重复性误差/（%F·S）	<1
预热时间/s	1
工作电压/电流	12V DC ±20%/40mA
输出	可选 0～5V；4～20mA；0～1mA
外形尺寸/mm	Φ19×680

② 诱发因素监测。除水对灾害体的诱发影响外，气象、地震、人类工程活动等也是诱发地质灾害产生的主要因素，如地震引起的区域性群发地质灾害和人类工程活动引发的线性链发式地质灾害。因此在地质灾害监测中，地质灾害诱发因素监测也是地质灾害监测技术的重要组成部分。

5.1.2 管体监测技术

5.1.2.1 管体监测方法

目前，对于管道地质灾害致灾体的监测技术仍沿用一般地质灾害的监测技术方法，主要有：

① 灾害体变形监测，常用监测方法为宏观地质调查或利用 GPS、全站仪、缝计、钻孔测斜仪等设备定期到现场进行人工测试。

② 物理/化学场监测，主要是对地质灾害活动过程可能产生的物理及化学场信息的变化进行监测，如地声监测、放射性元素（氡气、汞气）测量、应力监测等。

③ 诱发因素监测，如降雨量监测、人类工程活动监测等。

5.1.2.2 管体监测技术手段

管道地质灾害中，最终受威胁和需保护的对象都是管道本体，故在管道地质灾害监测中，对管道的受力变形监测成为监测工作的主要组成部分。目前管道的监测主要有两个方面，一是管体位移监测，二是管体应力-应变监测。

管体位移监测有两个途径：一是通过监测管道部位地表位移间接反映管体位移，通常的地表变形监测可以达到监测的目的，如全站仪、GPS、水准测量等手段的监测；二是通过直接测量管体的几何形状的改变来反映管体的位移，目前可用智能管道几何检测器进行测量监测。

应力-应变监测手段主要有三种：

① 通过监测管道周围土体土压力大小间接反映管道受力情况；

② 采用应力分析仪等仪器直接测量管道应力大小；

③ 管道应力-应变相对变化量监测。

在工程实践中，一般使用应力分析仪测量的管体应力作为初始应力，再使用应变计等常规仪器测量其后的管体应力变化情况，根据灾害体具体参数计算应力变化。常用的应变传感器主要有振弦式应变计和电阻式应变片。电阻式应变片体积较小，粘贴于管道中，易于操作，但温度稳定性差，非线性误差大，受周边环境影响较大，进行长期监测时故障率较高。振弦式应变计目前应用比较广泛，稳定性好，抗外界电干扰能力强，没有防水要求，但设备体积相对较大，一般点焊到管体上面，前期投入较大。

对管体位移、应力的监测可直接反映出管道的位移变化情况，以及管道可能承受的危险度，以便及时保护管道的安全。

5.1.2.3 管道地质灾害监测技术体系建设

根据目前管道地质灾害相关监测经验，合理地选用监测手段及布设监测网络对管道地质灾害的监测具有重要的作用。因此在管道地质灾害监测体系建设中，监测手段、监测内容应根据监测目的、灾害和管道的特点，尽可能选用准确、易操作且长期有效的监测手段。监测内容确定后，根据监测内容、监测精度要求、监测周期和现场交通、水电、通信等条件确定监测仪器、技术，应遵循先进适用、精度适宜、易于实施、结果可靠、经济合理的原则。表 5-12、表 5-13 根据相关监测经验总结并举例出了山区管道常见地质灾害的监测技术方法体系。管道滑坡监测内容及方法（表 5-12）按滑坡规模的大小及风险等级的高低确定：对于小-中规模、低-中风险的滑坡，监测的必要性不大，或只安排巡查即可；对于大-特大规模、较高-高风险的滑坡，考虑从地面到地下、从变形到多场、从滑体到管体的综合监测，多种方法监测所取得的数据、资料，互相联系、互相校核、互相验证，以便做出综合分析，取得可靠的结论。

针对管道危岩监测内容及方法的选定（表 5-13），需要考虑危岩体规模的大小及风险等级的高低。小-中规模、低-中风险等级的危岩崩塌，不监测或仅安排巡查；对于大-特大规模、较高-高风险等的危岩崩塌，考虑巡查、裂缝计监测、GPS 或全站仪监测、地声监测等综合监测。

表 5-12 管道滑坡监测内容及方法

规模	低风险	较低风险	中风险	较高风险	高风险
小	不监测	巡查	巡查	巡查、GPS 或全站仪、管体	巡查、GPS 或全站仪、管体
中	巡查	巡查	巡查、GPS 或全站仪	巡查、GPS 或全站仪、管体、雨量	巡查、GPS 或全站仪、管体、雨量

续表

规模	低风险	较低风险	中风险	较高风险	高风险
大	巡查	巡查、GPS 或全站仪	巡查、GPS 或全站仪、测斜仪、水位、管体	巡查、GPS 或全站仪、测斜仪、分布式光纤、水位、雨量、管体	巡查、GPS 或全站仪、测斜仪、分布式光纤、水位、雨量、管体
特大	巡查	巡查、GPS 或全站仪	巡查、GPS 或全站仪、测斜仪、水位、管体、雨量	巡查、GPS 或全站仪、测斜仪、分布式光纤、遥感、水位、雨量、管体	巡查、GPS 或全站仪、测斜仪、分布式光纤、遥感、雨量、水位、管体

表 5-13 危岩监测内容及方法

规模	低风险	较低风险	中风险	较高风险	高风险
小	不监测	巡查	巡查	巡查、裂缝计	巡查、裂缝计
中	巡查	巡查	巡查、裂缝计	巡查、裂缝计	巡查、裂缝计
大	巡查	巡查	巡查、裂缝计	巡查、裂缝计、GPS 或全站仪、地声	巡查、裂缝计、GPS 或全站仪、地声
特大	巡查	巡查	巡查、裂缝计、GPS 或全站仪、雨量	巡查、裂缝计、GPS 或全站仪、地声、雨量	巡查、裂缝计、GPS 或全站仪、地声、雨量

滑坡、崩塌变形监测网应根据滑坡、崩塌的地质特征，灾害体与管道的空间关系和相互作用形式，视通条件和施测要求布设。监测网是由监测线（监测剖面，以下简称测线）和监测点（以下简称测点）组成的三维立体监测体系，监测网的布设应能达到系统监测滑坡、崩塌的变形量、变形方向和管体应力，掌握其时空动态和发展趋势，满足预测预报精度等要求。

（1）测线布置

滑坡、崩塌变形测线应穿过滑坡、崩塌和管体的不同变形地段（部位）或块体，并尽可能照顾滑坡、崩塌的群体和次生复活特性，还应兼顾外围小型滑坡、崩塌，有两个或两个以上变形方向时，应布设相应的横向测线；当滑坡、崩塌呈旋转变形时，纵向测线可呈扇形或放射性布设，横向测线一般与纵向测线垂直，应至少有一条与管道平行或重合的测线。基于以上原则，测线应充分利用勘探剖面和稳定性计算剖面，以及钻孔、平硐、竖井等勘探工程。

（2）测点布置

测线确定后，应根据滑坡、崩塌的地质结构、形成机制、变形特征等，分析、建立沿测线在平面上、垂向上所表征的变形地段、块体、管体及其组合特征，测点应根据测线建立的变形地段、块体、管道及其组合特征进行布设。在测线上或测线两侧宜布设以监测绝对位移为主的监测点，在沿测线地带的裂缝、滑带、软弱带上布设相对位移监测点，并利用钻孔、平硐、竖井等勘探工程布设深部位移监测点。每个测点均有自己独立的监测、预报功能。测点不要求平均布设，以下部位应增加测点和监测项目：①管道敷设带；②变形速率较大或不稳定块段与起始变形块段（滑坡源、崩场源等）；③初始变形地段（滑坡主滑段、推移滑动段、松动滑动段等）；④对滑坡、崩塌稳定性起关键作用或破坏初始块段（滑坡阻滑段、崩塌锁固段等）；⑤易变形部位（剪出口、裂缝、临空面等）；⑥控制变形部位（滑带、软弱带、裂缝）。

（3）滑坡变形监测网形

① 十字形。纵向、横向测线构成十字形，测点布设在测线上。测线两端放在稳定的岩土体上并分别布设为测站点（放测量仪器）和照准点。在测站点上用大地测量法监测各测点的位移情况。这种网形适用于范围不大、平面狭窄、主要活动方向明显的滑坡。

② 方格形。多条纵向、横向测线近直交，组成方格网，测点设在测线的交点上（也可加密布设在交点之间的测线上）。测站点、照准点的布设同十字形。这种网形测点分布的规律性强，且较均匀，测量精度高，适用于地质结构复杂的滑坡或群体性坡。

③ 三角形（或放射性）网。在滑坡外围稳定地段设测站点，自测站点按三角形或放射性布设若干测线，在各种测线终点设照准点，在测线交点或测线上设测点，在测站点用大地测量法等监测测点的位移情况。对测点进行三角交汇法监测时，可不设照准点。这种网形测点分布的规律性差，不均匀，距测站点近的测点监测精度高。

④ 任意形。在滑坡范围内设若干测点，外围稳定地段布设测站点，用三角交汇法、GPS 法等监测点的位移情况，适用于自然条件、地形条件复杂的滑坡变形监测。

⑤ 对标形。在裂缝、滑带（软弱带）等两侧，布设对标或安设专门仪器，监测对标的位移情况，标与标之间可不建立联系，应将后缘缝对标中的一个尽可能布设在稳定的岩体上。在其他网形布设困难时，可用此网形监测滑坡重点部位的绝对位移和相对位移。

⑥ 多层形。除在地表布设测线、测点外，还可利用钻孔、平硐、竖井等地下工程布设测点，监测不同高程、不同层位滑坡的变形情况。

无论采用哪种网形，测站点、测线、测点的数量应根据滑坡和管道的需要确定或调整。也可同时采用两种网形，布成综合网形。

（4）管体应力应变监测截面

对于管道的监测应合理选择管道应力应变监测截面，主要考虑滑坡边缘、滑坡中部、局部变形突出位置等管道受影响可能较严重地段及测线与管道交汇处。

5.2 监测数据处理与分析

5.2.1 监测数据感知

5.2.1.1 传统数据收集技术

数据收集是指从传感器和其他监测设备等模拟和数字被测单元中自动采集非电量或者电量信号，送到上位机中进行分析，处理。数据收集系统是利用基于计算机或者其他专用测试平台的测量软硬件产品来实现灵活的、用户自定义的测量系统。

被采集数据是已被转换为电信号的各种物理量，如水位、位移、压力等，可以是模拟量，也可以是数字量，一般隔一定时间（称采样周期）对同一点数据重复采集。采集的数据大多是瞬时值，也可能是某段时间内的一个特征值。准确的数据测量是数据采集的基础。数据测量方法有接触式和非接触式，检测元件多种多样。不论哪种方法和元件，均以不影响被测对象状态和测量环境为前提，以保证数据的正确性。数据采集含义很广，包括对面状连续物理量的采集。在计算机辅助制图、测图、设计中，对图形或图像数字化的过程也可称为数据采集，此时被采集的是几何量（或包括物理量）数据。数据采集流程见图 5-3。

5.2.1.2 智能感知技术的发展

地质灾害的预测依赖于大量实时、精准的地质数据。管道地质灾害的监测一般位于偏远或地质结构复杂的区域，感应器布设困难且成本高昂。许多重要的地质活动发生在难以触及的地方，缺乏及时的数据采集，这使得监测数据难以全面反映所有可能的灾害情景。

智能感知技术是一种通过传感器、物联网及人工智能算法，实时采集并处理物理世界信号，实现环境感知与决策支持的技术体系。其核心技术包括多传感器数据融合、深度学习模型及边缘计算，广泛应用于代码开发辅助、工业监测、自动驾驶、智慧医疗等领域，通过优化数据获取与处理效率，提升系统智能化水平。

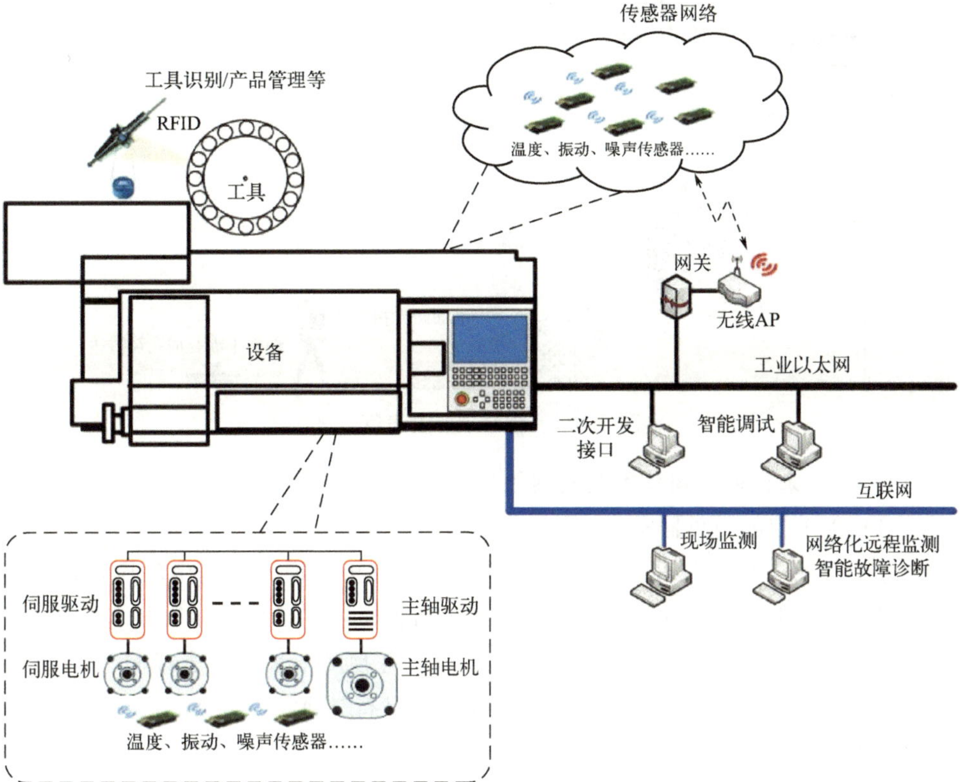

图 5-3　数据监测收集流程

该技术的发展历程可分为三阶段：早期以基础监测为主，依赖人工分析；中期引入无线传感与数据分析，扩展监测范围；现阶段依托 AI 与数字孪生技术，实现动态预警与自主决策。在硬件层面，模拟信号处理和近传感计算架构显著降低能耗，如 PCAA 架构较传统数字处理加速 0.6～2 倍，其应用体系涵盖感知层（传感器网络）、信息层（数据融合）、应用层（跨行业智能系统），形成从数据采集到决策执行的闭环功能。

现代观测和感知技术的迭代更新，各类监测技术手段的应用，使得地质灾害的防治水平得到空前发展。如无人机贴近摄影测量、机载雷达、卫星光学影像、全球导航卫星系统监测以及光纤传感监测、微震监测等多种形式的监测预警技术为地质灾害的防控做出了积极的贡献。目前普遍采用倾角计、位移计以及视频等设备对宏观位移实施监测，同时对降雨、地震等诱发因素进行监测。岩体常规监测设备见图 5-4。

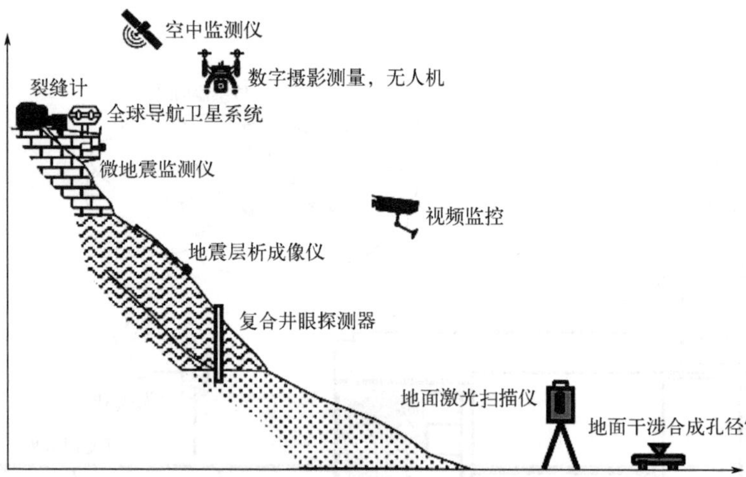

图 5-4　岩体常规监测设备汇总

5.2.1.3　未来智能感知技术的发展趋势

（1）人工智能与机器学习

人工智能（AI）和机器学习技术在大数据分析和模式识别中的应用，能够大幅提升地质灾害预测的精度与效率。通过机器学习，系统能够从大量历史地质数据中识别出灾难发生的潜在模式，自动分析并预测未来的灾害风险。AI 还可以对实时传感器数据进行深度学习，不仅可以提高对地震、滑坡等灾害前兆的敏感度，还能有效地识别和分析复杂的地质活动。

① 灾害预测与早期预警。AI 可以通过分析历史地震、崩塌、滑坡以及泥石流等数据，预测灾害发生的概率、地点和时间，进而提前发出预警。结合实时监测数据，AI 系统还可以更快、更精准地预测地震、崩塌、滑坡以及泥石流等地质灾害的范围与影响。

② 数据处理与模拟。AI 能够处理和分析大规模、复杂的地质数据，进行模拟与优化，从而帮助预测地震、崩塌、滑坡以及泥石流等灾害的发生。

（2）物联网与实时数据监测

物联网（IoT）技术通过连接大量传感器，能够实时监控地质活动和环境变化。这些传感器可以布设在地壳深层、地震带、泥石流、滑坡、崩塌易发区等关键位置，捕捉震动、应力变化、地下水流动等数据，实时传输到中央处理系统。

（3）遥感技术与卫星监测

遥感技术和卫星监测是近年来非常有前景的地质灾害防范技术，尤其在无法触及的大规模区域（如海洋、冰川、沙漠等）中有重要应用。卫星可以提供实时的地面形变、气候变化、地震波传播等数据，并能够追踪灾害的动态变化。

5.2.2 监测数据传输

5.2.2.1 短距离无线传输

目前短距离的无线传输方式有无线局域网（WLAN）、蓝牙（Bluetooth）、红外数据传输（IrDA）、ZigBee、ZigBee RF4CE 等。不同的传输方式在传输速率、传输距离、功率消耗方面各不相同，在实际应用中发挥着不同的作用。

（1）无线局域网

无线局域网一般都建立在有线网络的基础上，能有效拓展网络的覆盖范围，并使用户更容易接入网络。无线局域网可以以较高的速率传输数据，但是功耗同样很高，适用于有可靠电源保障的情况；无线局域网的传输距离有限，受到遮挡时信号衰减较快，扩展传输距离时会大幅提高功耗，因此不适用于地质灾害实时监测环境。

（2）蓝牙

蓝牙是一种小范围的小功耗、低成本、安全、灵活的线缆替代技术。蓝牙不受少量的办公桌或者墙壁等障碍物的阻碍，使用户可以方便地使用鼠标、键盘、遥控器、耳机等设备。除了点对点的连接以外，蓝牙设备之间也可以组成微型的星形网络，实现一对多的连接，例如多点连接的蓝牙耳机。蓝牙的小功耗特点可以让设备在仅使用电池提供电源的情况下工作多年，并且速率也能够满足实时监测的需要，但是蓝牙技术设定的有效通信范围很小，最多能够覆盖 100m 的距离，而且不能绕过较大的障碍物，因此也无法满足地质灾害监测的要求。

（3）红外通信技术

红外通信也是无线通信技术的一种，使用红外线来传输数据，不需要电缆。IrDA 不需要申请无线频段，成本低廉，而且功耗低、体积小、简单易用、连接方便，曾经广泛应用于笔记本、PDA 等设备的数据交换，目前仍然用于空调、电视机等电器设备的遥控器。红外线传输距离短，几乎不能穿透任何障碍物，并且只能小角度直射，仅适用于室内可视范围短距离通信。同时，IrDA 的传输速率也较低，不能够组成多点网络，正在逐步被其他技术所取代。因此，IrDA 明显不适合用于实时监测数据的传输。

（4）ZigBee 协议

ZigBee 是一种新兴无线网络技术，由 ZigBee 联盟建立。ZigBee 的工作频段为 900MHz 和 2.4GHz 频段，可以进行中等距离的通信（数百米）；通信速率在 40～250kbit/s 之间，并且可以根据需要进行灵活的调整；有星形、树形、网形（MESH）等多种网络拓扑；具有较低的功耗。由于上述特点，ZigBee 在目前的无线通信领域中占有较为重要的地位。

（5）ZigBee RF4CE

新开发的 RF4CE 具有多方面的优势，用户使用单个遥控器就可以操作家中不同的电子设备，而且不需要像使用红外技术一样用遥控器的发射端对准设备的接收端。RF4CE 不但提高了操作的可靠性和信号的抗干扰性，增加了传输距离，使信号的传递不再受一般障碍物影响，还使得双向通信操作和不同电器的互操作成为可能，甚至还显著延长了遥控器电池寿命。传统红外技术开始逐步被射频遥控取代。

5.2.2.2　远程网络传输技术研究

数据通过无线传感网集中起来之后，需要发送给远端的服务器，可以使用的传输方式有企业专线方式、企业专用无线网方式、大众移动通信网方式以及卫星数字通信方式等。企业专线方式通常用于银行、大型商业企业等，目的是实现内部的实时互联互通，主要分布在城市和乡镇营业点，需要铺设线缆；企业专用无线网方式目前在电力以及石油部门有应用，一般采用有线＋微波＋无线的接力传输方式，需要购置微波设备并建立站点；移动通信网方式是目前在灾害监测领域使用较多的方式，具有覆盖范围广、布置灵活、价格便宜等优势；卫星数字通信通常用于没有移动信号覆盖的地方，或者用于灾害发生时的紧急通信，虽然价格较昂贵，但是可以作为移动通信网方式的有益补充。

地质灾害的监测地点往往较为偏僻、环境较为恶劣，并且地质结构可能随时发生变化，铺设专线方式既浪费人力物力，也不可靠；企业专用无线网方式对于通信量不是太大的实时监测来说成本相对较高，并且需要联系电信部门进行施工。因此，本章主要讨论移动通信网方式和卫星数字通信方式。

（1）移动通信网传输方式

移动通信最早是由马可尼于 1897 年在拖船和岸上用无线电波实现的，至今已经有 100 多年的历史。现在移动通信已经成为人们生活中不可或缺的一部分。移动通信系统已经经历了五代，最初为提供语音业务的模拟移动通信系统，第二代系统开始提供无线分组业务（GPRS）数据传输业务，第三代系统可以提供速度较高的数据传输业务，第五代系统有向高速互联发展的趋势，第五代系统是一种具有高速率、低时延和大连接特点的新一代技术。

第一代移动通信技术是指最初模拟的、仅支持语音业务的蜂窝电话技术标准。该标准制定于 20 世纪 80 年代，由于该通信系统频率利用率低、电话不能漫游、各个系统间难以互联互通等问题，很快被市场和随之而来的新技术所淘汰。

第二代移动通信技术主要提供数字化的语音业务和低速数据业务，克服了第一代模拟通信系统的诸多缺点，在语音质量、保密性、业务能力等方面均有很大提高，而且支持漫游功能。但是第二代移动通信系统也有其自身难以解决的问题，例如其有限的带宽限制了数据业务的应用和发展，无法实现诸如移动多媒体等高速率的数据业务。

第三代移动通信技术（3G）于 1985 年由国际电信联盟提出，其主要目标是制定一个通用的网络架构，能够支持现有和未来的服务。到目前为止，3G 技术标准主要包括欧洲提出的 WCDMA、中国提出的 TD-SCDMA、美国提出的 CD-MA2000 和 WiMAX 这四大标准。其中 WCDMA 和 TD-SCDMA 标准属于 3GPP（3rd Generation Partnership Project）系统。3GPP 系统架构是通用 GPRS 技术上的延伸。与第二代移动通信技术相比，3G 具有 5MHz 以上的带宽，不仅能够传输高质量的语音，还能提供高速数据传输，传输速率最低为 384kbit/s，最高可达到 2Mbit/s。

第四代移动通信技术（4G），在 2012 年国际电信联盟无线电通信全体会议上提出，同时，802.16m 和 LTE-Advanced 技术规范获得审议通过，正式被确立为国际标准，其中包括我国主导推出的 TD-LTE-Advanced 技术。TD-LTE-Advanced 最大可以支持 100MHz 的系统带宽，理论上的峰值传输速率超过 1Gbit/s。多通道智能天线、多输入多输出、正交频分复用等多种先进的无线通信技术在 4G 规范中得到采用。新的技术有效提升了移动通信的用户在线数量、数据吞吐率以及覆盖范围。

第五代移动通信技术也称为 5G，是新一代宽带移动通信技术。5G 通讯设施是实现人机物互联的网络基础设施。5G 采用全新的服务化架构，支持灵活部署和差异化业务场景。5G 采用全服务化设计，模块化网络功能，支持按需调用，实现功能重构；采用服务化描述，易于实现能力开放，有利于引入 IT 开发实力，发挥网络潜力。5G 支持灵活部署，基于 NFV/SDN，实现硬件和软件解耦，实现控制和转发分离；采用通用数据中心的云化组网，网络功能部署灵活，资源调度高效；支持边缘计算，云计算平台下沉到网络边缘，支持基于应用的网关灵活选择和边缘分流。通过网络切片满足 5G 差异化需求，网络切片是指从一个网络中选取特定的特性和功能，定制出的一个逻辑上独立的网络，它使得运营商可以部署功能、特性服务各不相同的多个逻辑网络，分别为各自的目标用户服务，定义了 3 种网络切片类型，即增强移动宽带、低时延高可靠、大连接物联网。

截至 2025 年 9 月，我国 5G 基站总数达 470.5 万个，中国 5G 移动电话用户超过 11 亿，5G 已广泛融入千行百业。已经建立了比较完整的移动通信覆盖网，超过 98%的人口位于覆盖范围内。通常移动通信基站有较好的保障条件，包括备用电源、发电机、专人定时巡查管理维护，而移动通信的地区中心更是按照高标准在进行建设。利用现有的移动通信资源为地质灾害监测服务，不仅节省成本，而且更为可靠。

我国已经建立了比较完整的移动通信覆盖网，超过98%的人口位于覆盖范围内。通常移动通信基站有较好的保障条件，包括备用电源、发电机、专人定时巡查管理维护，而移动通信的地区中心更是按照高标准建设。利用现有的移动通信资源为地质灾害监测服务，不仅节省成本，而且更为可靠。

（2）GPRS技术

通用GPRS是在原有全球移动通信系统（GSM）上拓展的数据承载业务，可以让用户以分组方式传输数据，而不是通过电路交换，这种改变为用户提供了一种低成本的无线数据传输方式。

虽然现在移动通信技术已经发展到第五代。由于3G标准不统一，连接到不同的网络需要使用不同的模块，很多地区特别是偏远地区的设备还没有更新到3G，而最新的4G LTE网络在大城市和中心城镇已经开始建立。从速率上来说GPRS已经能够满足地质灾害实时监测目前的需要；从未来发展来看，如果要进行图片采集、视频监控，那么LTE是比较好的选择。

GPRS相当于是在原有GSM网络上叠加了一个基于IP的分组交换网络。在分组交换的通信方式中，不需要传送数据时，设备不会占用信道资源，同时用户也不必支付费用；当需要传送数据时，设备临时建立连接并发送数据；在传送较大的数据块时，设备将数据分割为很多小块，并给每个块打一个标记，不同的数据块被独立传输，最后在接收端按照标记复原。所有用户共享在分组传输中共享信道资源，提高了信道利用率。GSM网络覆盖面广，使得GPRS能提供Internet以及其他分组网络的全球性无线接入，推动了移动网络和数据网络的融合。

（3）卫星数字通信传输方式

卫星数字通信具有通信距离远、覆盖面积大、不受地形条件限制、传输容量大、建设周期短、可靠性高等特点，与地面通信系统形成互补，从第一颗通信卫星出现以来，就在全球通信方面发挥着重要作用。传统卫星通信应用于语音通信、广播、电视等方面，所承载的业务主要面向语音和图像。经过数十年的发展，卫星通信频率不断提高，通信带宽也不断增加，网络通信服务已经成为卫星通信的主流，并且大众化程度越来越高，设备越来越小，企业和个人也可以方便地使用其提供的宽带网络通信服务。

对于缺少地面通信基础设施的地区，卫星数字通信更具有独特优势。目前国内移动通信网络已经有很高的覆盖范围，对于一般应用其稳健性也比较高。但是地质灾害监测有其特殊性，部分地质灾害监测地处于偏远山区，是移动通信信号的盲点，短期内不会有信号覆盖。在有信号的地区，也可能由于受到地质灾害影响造成移动通信基站损毁而长时间不能正常通信。通信高峰超过设计负荷以及进行基站割接工程等都会造成监测数据不能够正常发送。在这些特殊情况下可以使用卫星进行网络通信，以弥补其他通信方式的不足。

目前国内常见的卫星数字通信系统包括传统的国际海事卫星组织（INMARSAT）、铱系统（Iridium）、舒拉亚（Thuraya）、IpStar、LinkStar 以及国产的北斗卫星系统等。

5.2.3 监测数据分析

5.2.3.1 地质灾害监测中的数据类型

地质灾害监测所产生的数据类型多样，包括但不限于以下几种：

（1）地形数据

通过高精度的测量技术，如全站仪、GPS 等，获取的地形高程、坡度、坡向等信息。这些数据能够反映出地形地貌的特征，对于分析潜在的滑坡、崩塌等灾害发生区域具有重要参考价值。

（2）地质数据

包括地层岩性、地质构造、岩土体性质等。这些地质勘查获取的信息有助于了解地质体的稳定性，判断可能发生的地质灾害类型和规模。

（3）气象数据

降雨量、气温、风速等气象要素的监测数据。降雨往往是诱发滑坡、泥石流等灾害的重要因素，因此气象数据在灾害预警中起着关键作用。

（4）位移监测数据

通过安装在监测点的位移传感器获取的地表或深部岩土体的位移变化。这是判断地质体是否处于变形阶段、评估灾害发展程度的直接依据。

（5）地下水数据

地下水位、水压、水质等数据。地下水的变化可能导致岩土体强度降低，从而增加地质灾害发生的风险。

5.2.3.2 数据分析在地质灾害监测中的重要性

（1）早期预警

通过对监测数据的实时分析，可以及时发现异常变化，提前发出预警信号，为人员疏散和财产转移争取宝贵时间。

（2）灾害评估

对历史数据和当前数据的综合分析，能够评估地质灾害的规模、危害程度以及可能影响的范围，为制订应急处置方案提供依据。

(3) 趋势预测

利用数据分析模型预测地质灾害的发展趋势，有助于提前采取预防措施，降低灾害损失。

(4) 科学研究

为地质灾害的形成机制、演化规律等科学研究提供数据支持，推动地质灾害防治技术的进步。

5.2.3.3 数据分析方法

(1) 统计分析

对大量监测数据进行统计，计算均值、方差、极值等统计量，以了解数据的分布特征和变化规律。例如，通过分析降雨量的统计特征，可以确定诱发地质灾害的临界降雨量。

(2) 时间序列分析

将监测数据视为时间序列，运用移动平均、指数平滑等方法，去除噪声和短期波动，突出长期趋势和周期性变化。通过位移监测数据的时间序列分析，可以判断地质体的变形是否处于加速阶段。

(3) 空间分析

结合 GIS 技术，对不同监测点的数据进行空间插值、叠加分析等，生成地质灾害风险分区图，直观展示灾害的空间分布特征。

(4) 机器学习算法

如人工神经网络、支持向量机等，能够自动从数据中学习复杂的模式和关系，提高灾害预测的准确性。例如，利用神经网络模型对多因素监测数据进行训练，预测滑坡的发生概率。

5.3 预警指标与预警模型创建

5.3.1 预警指标体系构建

5.3.1.1 指标选取原则

首先，选取的指标应具有代表性，能够充分反映灾害发生和发展的关键特征。例如，在地震预警中，地震震级、震中距离震源深度等指标对于预测地震至关重要。

指标选取还应遵循可获取性原则，即所选指标的数据应易于收集和获取。过于复杂的指标往往需要高成本、高技术手段的监测，不利于实际应用。同时，还需考虑数据的稳定性和可靠性，以保证预警结果的准确性。

指标选取还应考虑其与预警目标的相关性，即指标的变化趋势应与灾害发生的概率或严重程度具有显著的正相关或负相关关系。此外，指标间应尽可能保持独立，避免多重共线性问题。通过这样的原则，可以确保指标体系的全面性和科学性，为防灾预警提供有效的数据支持。

5.3.1.2 指标权重确定方法

指标权重确定是防灾预警体系中的重要环节，直接影响预警结果的准确性和有效性。常用的权重确定方法包括层次分析法、熵权法、模糊综合评价法等。

层次分析法通过构建层次结构模型，将指标分解为多个层次，并通过专家打分的方式确定各指标的相对重要性。这种方法能够将定性分析和定量分析相结合，具有较强的实用性和灵活性。

熵权法基于指标数据的变异程度来确定权重，变异程度越大，指标的信息熵越小，权重越大。这种方法能够客观地反映指标数据的相对重要性，避免主观因素的影响。

模糊综合评价法通过模糊数学的方法，对指标进行综合评价，并确定各指标的权重。这种方法适用于处理不确定性因素较多的复杂问题。

5.3.2 预警模型创建

5.3.2.1 机器学习算法在预警模型中的应用

机器学习算法在防灾预警模型中的应用日益广泛。

(1) 监督学习算法

如支持向量机、决策树，随机森林等，通过学习已知灾害数据，能够对未知数据进行预测。SVM 能够处理非线性问题，适用于小样本数据；决策树和随机森林则能够处理大规模数据，且具有较好的泛化能力。

(2) 无监督学习算法

如聚类分析、主成分分析（PCA）等，在预警模型中主要用于数据降维和特征提取。聚类分析能够将相似数据归为一类，有助于发现数据中的潜在模式；PCA 则通过降维减少数据冗余，同时保留数据的主要信息。

(3) 深度学习算法

深度学习算法在预警模型中的应用也越来越受到重视。深度神经网络能够自动学习数据的复杂特征，适用于处理高维、非线性数据。例如：卷积神经网络（CNN）在图像识别领域表现出色，可以用于分析遥感图像中的灾害迹象；循环神经网络（RNN）则擅长处理时间序列数据，适用于预测地震等周期性灾害。

这些算法的应用显著提高了预警模型的准确性和效率。

5.3.2.2 深度学习在地质灾害预警中的应用

深度学习在地质灾害预警中的应用主要体现在对大量复杂数据的处理和分析上。

CNN 对遥感图像进行处理，可以识别出地面的异常变化，如地表裂缝、滑坡前兆等。典型变形监测预警如图 5-5 所示。CNN 能够自动提取图像中的关键特征，对于非专业人员来说，这大大提高了对灾害迹象的识别能力。

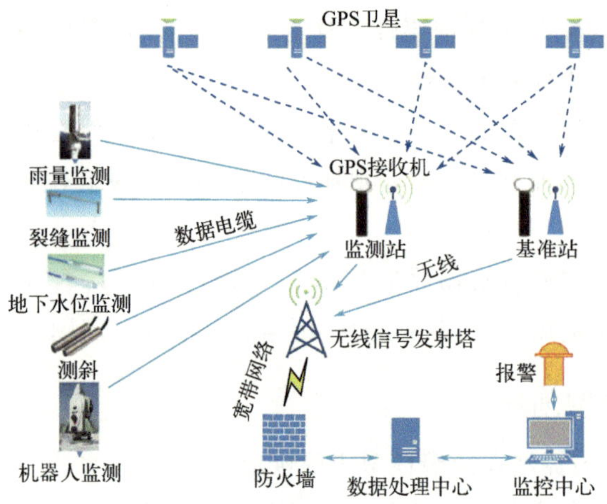

图 5-5 典型变形监测预警系统

RNN 在地质灾害预警中的应用主要体现在对时间序列数据的处理上。例如，通过 RNN 分析地震活动的时序数据，可以预测地震发生的时间和强度。RNN 能够捕捉到时间序列数据中的长期依赖关系，这对于预测地震这类周期性事件尤为重要。

长短期记忆网络（LSTM）是 RNN 的一种变体，特别适用于处理具有长期依赖性的时间序列数据。在地质灾害预警中，LSTM 可以用于分析地震、滑坡等灾害的触发因素和演化过程，通过学习历史数据中的模式，预测未来的灾害事件。

深度学习模型的应用不仅提高了预警的准确性，还使得预警系统更加智能化和自动化。

5.4 预警信息的发布及响应

5.4.1 预警信息发布渠道

预警信息的发布渠道多样，包括传统的广播、电视、报纸等媒体，以及现代的互联网、移动通信等新媒体。广播和电视具有覆盖面广、传播速度快的特点，是预警信息发布的主要渠道之一。通过新闻联播、天气预报节目等，可以迅速将预警信息传递给广大公众。

互联网和移动通信技术的发展为预警信息发布提供了新的平台。官方网站、政府微博、微信公众号等社交媒体平台，以及手机短信、APP 推送等，都能够实现预警信息的快速传播。这些渠道具有互动性强、信息更新及时的特点，能够满足公众对预警信息的需求。

预警信息发布还需考虑特殊群体的需求。对于老年人、残疾人等特殊群体，应提供无障碍信息发布渠道，如通过社区公告、志愿者服务等，确保他们能够及时接收到预警信息。此外，加强与地方政府的合作，利用地方广播、社区广播等渠道，可以提高预警信息的覆盖率和到达率。综合运用多种发布渠道，可以确保预警信息能够迅速、准确地传递给每一位公众。

5.4.2 预警信息发布对象

应包括地方自然资源主管部门、防灾责任主体单位或个人、技术支撑人员、监测责任人、群测群防员和普通民众等。

预警信息经技术人员核查真实有效后，由技术支撑单位报送县级以上人民政府自然资源主管部门，由县级以上自然资源主管部门发布和决定是否告知有关防灾责任人、监测责任人、群测群防员等。

5.4.3 预警信息发布响应机制

（1）蓝色预警响应措施

蓝色预警发出后，技术支撑单位应持续关注预警系统监测数据。

（2）黄色预警响应措施

黄色预警发出后，技术支撑单位应加强监测数据分析，必要时到现场核查并加强分析研判；地质灾害隐患点监测责任人、群测群防员应加强对宏观迹象的现场巡查，将有关情况及时上报至有关部门和主管责任人。

（3）橙色预警响应措施

橙色预警发出后，技术支撑单位应第一时间分析监测数据，开展短临预警，预测发展趋势；地质灾害隐患点监测责任人、群测群防员应及时赶赴现场对宏观迹象进行巡查，加强对宏观变形迹象的监测，开展短临预警；乡（镇，街道办事处）防灾责任人会同技术支撑单位前往现场进一步核查，并将有关情况反馈至县级以上人民政府自然资源主管部门。

（4）红色预警响应措施

红色预警发出后，技术支撑单位第一时间分析监测数据，开展临灾预警，预测灾害发展趋势；地质灾害隐患点监测责任人、群测群防员应第一时间赶赴现场对宏观迹象进行巡排查，加强宏观变形监测及短临前兆监测，开展临灾预警，根据现场宏观变形等实际情况判定是否提前组织地质灾害风险区的群众进行转移；县级以上人民政府自然资源主管部门会同乡（镇、街道办事处）和技术支撑单位第一时间前往现场进一步调查处置。

第6章 管道工程防治措施

6.1 工程防治原则与策略

根据《地质灾害防治条例》(国务院令第 394 号)第二十四条“对经过评估认为可能引发地质灾害或者可能遭受地质灾害危害的建设工程，应当配套建设地质灾害治理工程”，地质灾害防治工作应当坚持预防为主、避让与治理相结合和全面规划、突出重点的原则。地质灾害治理工程的确定，应当与地质灾害形成的原因、规模以及对人民生命和财产安全的危害程度相适应。地质灾害治理工程的勘查、设计、施工和监理应当符合国家有关标准和技术规范。

为防止油气管道工程地质灾害的发生，避免和减少地质灾害对管道工程和地质环境的破坏，确保管道工程在建设过程中顺利进行和建成后正常使用，施工过程中应对地质环境不良地段和潜在地质灾害隐患采取相应的防治措施。管道工程应根据风险评价结果和地质灾害特点，并结合经济技术的可行性和合理性，对不同灾种采取必要的治理方法和防护措施，制订合理的防治策略，建立完善综合防治技术体系，减轻地质灾害对管道工程本身及周边环境的危害。

油气管道工程防治措施应符合可行性、合理性、经济性原则。针对油气管道工程沿途各类地质灾害体的危害性、危险性、稳定状态、规模大小和对工程的危害程度，结合危险性分区及适宜性评估结果，按照防治工作的轻重缓急，将区域划分为一般防治区、次重点防治区和重点防治区。预测工程项目在建设过程中和建成后，可能引发或加剧和遭受到的地质灾害种类和危险性等，根据拟建项目工程特点及其所处的地质环境条件特征，选择符合实际、适合工程的防治措施。一般情况下，油气管道工程地质灾害防治措施应以工程措施为主，监测预警措施、生物措施等为辅。

地质灾害是油气管道安全运营的主要风险源之一，常见的管道地质灾害有 3 种：崩塌、滑坡、水毁，其中由滑坡灾害引起的管道安全事故在管道地质灾害中所占比例较高且危害性突出，数量最多的则为水毁灾害。崩塌和滑坡地段的油气管道灾害往往不易预知，一旦发生，数万立方米的岩石和土壤在短时内快速移动，易导致油气管道断裂、变形、防腐层受损以及附属设施损毁，使管道失效[19]。水毁类管道灾害发生频率高，往往导致管道浅埋、露管、防腐层受损。地震和泥石流类地质灾害发生频率相对低，但一旦发生，影响巨大，能够直接摧毁管道，还容易引发滑坡和崩塌类灾害，间接破坏管道。

总之，地质灾害对油气管道的破坏作用是巨大的，材质再好的管道在其作用下也不堪一击，极容易断裂造成油气泄漏，导致财产损失、环境破坏、油气服务中断。为有效地减轻其对人类生命财产的威胁，最大限度地减少灾害损失，在工程实践中对常见的几类地质灾害采取针对性工程措施进行综合防治。油气管道防治工程等级应按《油气输送管道工程地质灾害防治设计规范》（SY/T 7040—2021）划分为Ⅰ级、Ⅱ级和Ⅲ级。应采用动态设计法，对列入工程整治规划且确需治理的地质灾害点，应进行防治工程设计。对场地复杂程度简单的水毁、黄土湿陷、风蚀沙埋、盐渍土等灾害，可在现场详细调查的基础上直接进行施工图设计。管道地质灾害防治工程开展前，应确定管道中心线、伴行光缆等管道附属设施的准确位置，并在工程地质测绘时将管道位置标出，管道中心线位置误差不应大于0.5m。治理工程施工作业时，应对管道及附属设施进行防护，宜对崩塌、泥石流、河沟道水毁等灾害易发区的埋地管道进行主动保护，采取的措施包括草袋素土管堤、盖板、U形槽、箱涵、混凝土浇筑稳管、水土挡墙涵洞等。

6.2 崩塌灾害工程防治措施

崩塌是指陡坡上的岩土体所产生的以下落运动为主（移动、滚动、跳跃）的破坏现象。危岩体在重力作用下发生变形并发生垂直方向的运动，对下方的管道造成冲击，引起管道变形甚至破裂，山体崩塌冲击管道示意见图6-1。崩塌地质灾害主要对边坡稳定性产生不利影响。沿边坡坡脚线敷设管道，多为开挖直埋，埋深较浅，边坡崩塌会直接威胁到管道安全。沿坡顶线外侧敷设管道，崩塌物不会直接威胁管道，但会造成边坡坡顶线向管道一侧移动，间接威胁管道安全。

防治崩塌灾害的基本途径是提高易崩塌岩体的稳定程度，防止或削弱崩塌活动；保护受灾对象，避免或减轻灾害损失。根据《油气管道地质灾害防护技术规范》（GB/T 40702—2021），崩塌地质灾害防治工程设计参照《油气输送管道工程地质灾害防治设计规范》（SY/T 7040—2021）执行，同时满足《油气管道地质灾害风险管理技术规范》（SY/T 6828—2024）中关于管道保护的相关要求，崩塌地质灾害治理应以根治为原则，当不能清除或根治时，可按表 6-1 选取适宜的措施。管道地质灾害防治工程的施工应满足《油气输送管道地质灾害防治工程施工规范》（SY/T 7476—2020）。

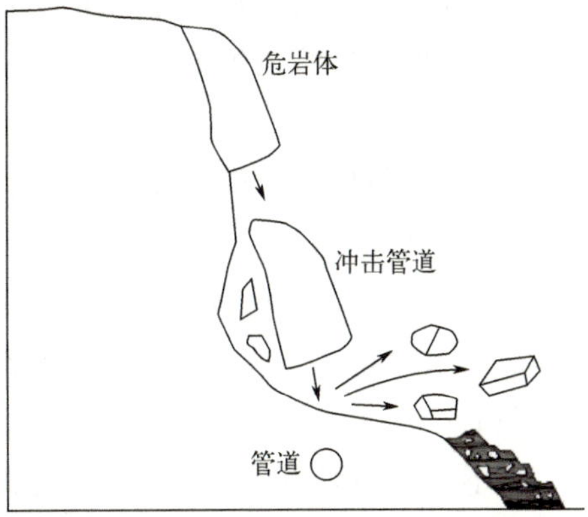

图 6-1　山体崩塌冲击管道示意图

表 6-1　管道崩塌地质灾害工程防治措施

灾害类型	措施类型	措施名称
崩塌	危岩清理	清理危岩
	缓冲层	沙袋、柔性缓冲材料
	被动拦挡	被动防护网、拦石墙
	主动防护	清理危岩、封填和支顶（嵌补支撑）、填充和灌浆、挂网喷混凝土锚杆锚固、素混凝土喷护、锚索（杆）、主动防护网

6.2.1　危岩清理

危岩清理是针对山体或岩体中存在的不稳定岩体（危岩体）进行清除的工程措施，旨在消除或减轻崩塌、落石等地质灾害风险，保障人民生命财产安全和基础设施稳定。危岩清理适用于体积较小、易清除的危岩场景，一般采用人工凿除、静态爆破或控制爆破方法，需注意避免施工引发次生灾害。危岩清理施工前后应进行危岩体岩性结构、几何形状及规模大小的记录，并应形成影像资料。

6.2.2　缓冲层

在滑坡灾害工程防治措施中，缓冲层是一种通过柔性或可变形材料吸收滑坡动能、降低冲击破坏力的被动防护措施，将集中荷载分散到更大范围，以避免局部破坏，在滑坡体与保护目标之间形成物理屏障降低直接撞击风险，常用于保护滑坡体下方的油气管道等重要设施。新建管道工程应在管沟回填后及时进行缓冲层施工。

缓冲层填料应符合设计要求。设计无要求时，宜采用碎石土、黏性土填料，并应符合下列规定：

① 当采用碎石土填料时，碎石含量宜为30%～50%；

② 当采用黏性土填料时，应控制填料的含水率，施工含水率为最优含水率的±2%；

③ 不应采用淤泥、淤泥质土及有机质含量大于5%的土。

缓冲层厚度及压实系数应满足设计要求，每层铺土的压实遍数应根据填料土质、设计压实系数和机具性能确定，缓冲层施工应符合下列规定：

① 每层铺土厚度不宜大于500mm。

② 搭接宽度不宜小于500mm。

③ 缓冲层顶部应根据设计要求设置保护层，保护层厚度偏差应小于50mm。

缓冲层底部需设置排水盲沟或透水管，避免积水软化材料；坡面设置截水沟，防止地表水渗入；上方结合挡土墙/抗滑桩固定滑坡体，下方设置缓冲层形成“刚性固定＋柔性防护”体系；与植被恢复结合，利用根系固土，以减少滑坡触发因素。

缓冲层是滑坡防治中经济高效的辅助措施，需结合具体地质条件与工程需求综合设计。对于高风险区域，建议与主动加固（如锚索）方式联合使用，形成多层次防护体系。

6.2.3 被动拦挡

当管道通过崩塌落石区时，宜采取清除危岩、加大埋深或在管道上方设置缓冲层的措施；无法完全消除威胁时，应采取在危岩体与管道之间，平行管道走向设置拦石墙或拦石网等被动拦挡措施。

① 管道通过崩塌落石区时，可通过在管道上部填筑缓冲层，降低落石对管道的冲击力。

② 被动防护网应平行于管道轴线布置在管道与崩塌体之间。

③ 被动栏石墙应设在管道与崩塌体之间地带，且与管道中线的间距不宜小于15m。

④ 拦石墙后宜设置缓冲层，当场地条件具备时，宜在墙后开挖落石槽。

⑤ 拦石墙材料宜采用浆砌石、毛石混凝土、混凝土。

⑥ 拦石墙应同时满足地基、抗滑力、抗倾覆及结构强度要求。

被动拦挡施工应满足 SY/T 7476—2020 的要求。

6.2.4 主动防护

当被动防护难以满足安全需求时，应针对管道存在威胁的危岩区域，采取主动防护措施，如清理危岩、封填和支顶、挂网喷混凝土锚杆锚固、锚杆（索）及主动防护网等。

① 针对坡体上散落或脱离母岩的危石，应采用清理危岩措施。

② 当崩塌区危岩块体未脱离母体，危岩块体平均直径不小 1m 时，宜设置锚杆锚固岩体。

③ 当管道上方崩塌区危岩块体未脱离母体，危岩块体直径小于 1m，且需防护范围大于 $100m^2$ 时，宜采用主动防护网或锚杆挂网喷混凝土，固定锚杆入岩深度不应小于 1.5m。

④ 当管道通过地区一侧坡度大于 60°，或岩体反倾的倾倒式危岩体，岸脚或崖面存在不稳定的凹腔时，应采用支撑墙、立柱、挑梁支顶措施。

⑤ 支顶和封填工程顶部与危岩体的接触部位，宜采用膨胀水泥砂浆或混凝土封闭，封闭层厚度宜为 30～40cm，墙柱的底部基础宜设置成内倾或台阶状。

⑥ 实施危岩顶部裂缝封填时，裂缝宽度大于 2cm，应采用强度砂浆或坍落度超过 200mm 的细石混凝土封闭裂缝；顶部表面裂缝宽度小、范围广，宜用细石混凝土全面浇筑，浇筑厚度宜为 20～30cm。

⑦ 清理危岩时，应在坡脚或坡体下部平缓处，设计被动拦挡防护措施。

⑧ 当危岩区坡面岩体结构裂隙发育，宜清除孤石；坡面宜采用挂网喷混凝土锚杆锚固措施，锚杆宜采用全粘结构锚杆，锚固段进入稳定岩体长度不应小于 1.0m。

对油气管道工程的站场阀室开挖、填土边坡，可采取放坡支护，加强坡顶、坡面的截、排水，同时应加强绿化工作，防止水土流失。主动防护施工应满足 SY/T 7476—2020 的要求。

6.2.5 崩塌治理工程实例

某成品油管道的管径为 457mm，壁厚 7.1mm，设计压力为 9.5MPa。管道周边为山坡及农田，管道沿坡脚平行铺设，距离管道中心线最近处约 3.0m，边坡最高处约 10m，坡度为 70°。管道南侧山体局部已崩塌滑坡，块石堆积至管道正上方，可能导致管道周边应力过大，软弱土层拱起、下沉或直接发生管道变形损毁，影响管道长度约 50m。工程防治方案采取“修坡＋锚喷”防护形式，防护面积约 400m^2。工程主要内容为：边坡修整（清除风化严重的松散体），锚钉施工，泄水孔施工，坡面喷第一次砼 4cm，挂第一层钢筋网；喷第二次砼 7cm，挂第二层钢筋网；焊接横、纵向压筋，喷第三次砼 4cm；养护及清理现场。如图 6-2 崩塌整改后现场如图 6-2 所示[20]。

图 6-2　崩塌整改后现场

6.3 滑坡灾害工程防治措施

滑坡是指斜坡岩土体依附于内在的或潜在的软弱结构面，在外力作用下，失去原来的平衡状态，产生了以水平运动为主的滑动现象。滑坡灾害对长输油气管道的工程建设、管道输送系统安全和运营环境构成严重威胁。对管道本体，一旦灾害发生，轻者使管道悬空、变形，严重的会使管道断裂。在管道敷设的横穿滑坡、纵穿滑坡和斜穿滑坡三种形式中，横穿滑坡最易导致管道的变形破坏。

滑坡诱发因素分为自然因素和人为因素，前者如集中强降雨，后者如坡脚切坡等工程活动。滑坡灾害发育的内因是根本因素，对滑坡稳定性起着控制作用，主要包括地质条件、地形地貌等。外因对滑坡稳定性变化起促进作用，包括水文地质条件、气象影响、人类工程活动、植被影响等，但外因作用强烈时会成为诱发滑坡的直接原因。

根据《油气管道地质灾害防护技术规范》（GB/T 40702—2021），滑坡地质灾害防治工程设计参照《油气输送管道工程地质灾害防治设计规范》（SY/T

7040—2021）执行，同时满足《油气管道地质灾害风险管理技术规范》（SY/T 6828—2024）中关于管道保护的相关要求，可以按表 6-2 选取适宜措施。

表 6-2 管道滑坡地质灾害工程防治措施

灾害类型	措施类型	措施名称
滑坡	抗滑	抗滑桩、抗滑挡墙（重力式挡土墙、悬臂式挡土墙、扶壁式挡土墙、锚定板挡土墙、加筋挡土墙、桩板式挡土墙）
	锚固	锚索（杆）、格构锚固
	减载与反压	削方减载、回填压脚
	截排水	截水沟、排水沟
	植物防护	生态袋、植被喷播（液力喷播）、植生带

滑坡灾害油气管道防治工程应尽可能安排在非汛期进行，减少施工扰动，做好施工期监测工作，对已竣工的防治工程应进行评估及维护。施工期应注意管道的临时防护措施，如滑坡治理方式除考虑滑坡因素外，还应考虑滑坡与管道的空间位置关系、管道的敷设方式、工程施工对管道的影响。

针对滑坡灾害的防治措施基本以增加边坡稳定性为主，并进行必要的边坡监测确保稳定性良好[21]。滑坡治理工程应在一定周期（通常是一个水文年）后委托专业单位开展工程效能评价，对工程的防护效果、科学性、经济效益及合理性进行评估，并据此优化完善后续防治工程方案设计和投资预算，提高治理效益。

6.3.1 抗滑

抗滑支挡中主要起稳定边坡作用的装置是抗滑桩。抗滑桩是以桩作为抵抗滑坡滑动的工程，抗滑桩是在滑体和滑床间打入若干大尺寸锚固桩并使两者成为一体，从而起到抗滑作用，所以又称锚固桩。桩的材料有木头、钢板、钢筋混凝土等。近年来，抗滑桩已成为滑坡整治的一种关键工程措施，并取得了良好的效果。抗滑桩适用于滑动面埋深小于 25m，桩长小于 35m 的滑坡治理。除此之外，还需设置桩间挡板截排水系统。比如重庆燃气集团采用外套管＋抗滑桩防护措施对管道山体滑坡地质灾害进行治理。抗滑桩应满足以下要求：

① 抗滑桩宜垂直滑坡主滑方向，并应考虑管道走向布置。

② 抗滑桩材质宜采用钢筋混凝土，截面形状可设计成矩形或圆形，结构形式可设计成悬臂式或锚拉式。

③ 截面形状采用矩形时，桩间中心距宜为 5～8m，截面短边长度不宜小于 1m；采用圆形抗滑桩时，桩间中心距宜为 2～4m，截面直径宜为 0.8～1.6m。

④ 悬臂式抗滑桩嵌固长度应大于总桩长的 1/3。

⑤ 可在土质滑体的桩间设置挡板或浆砌石挡墙，宜按桩间土的水平土压力进行设计。

微型桩指直径小于 300mm、长细比大于 30 的插入桩或灌注桩，其桩径较小，可以达到很大的深度，穿过各种岩石和障碍物，甚至可以做到任何斜度；其配筋量很大，可承受弯曲应力，因而位移很小；施工时震动、地面扰动和噪声小，既能用于地下水位以上，也能用于地下水位以下，并能在困难的条件下进行安设；在场地狭窄、出入困难、环境和工作条件较差的情况下，显示出明显的优势。

抗滑挡土墙工程对山体平衡的破坏小，稳定滑坡收效快，是滑坡整治中经常采用的一种有效措施。对于中小型滑坡可以单独采用，对于大型复杂滑坡，抗滑挡土墙可作为综合措施的一部分。设置抗滑挡土墙时必须弄清滑坡滑动范围、滑动面层数及位置和推力方向及大小等，并要查清挡墙基底的情况，否则会使挡墙变形，甚至挡墙随滑坡滑动，造成工程失效。滑坡推力小于 150kN/m 的浅层滑坡治理宜采用重力式抗滑挡墙，应满足以下要求。

① 应垂直主滑方向布置在滑坡剪出口或潜在的剪出口附近。

② 宜与排水、减载、护坡等措施相结合。

③ 挡墙高度不宜大于 8m。

④ 抗震设防烈度为 8 度及以上时，应采用混凝土结构。

护坡工程主要指对滑坡坡面的加固处理，目的是防止地表水冲刷和渗入坡体。对于黄土和膨胀土滑坡，坡面加固护理较为有效，具体方法有混凝土方格骨架护坡和浆砌片石护坡。在混凝土方格骨架护坡的方格内铺种草皮，不仅增加绿化，更可起到防冲刷作用。混凝土方格骨架护坡主要是在软质边坡面上，采用浆砌石、混凝土等形成方格骨架，方格内可用挂网、种草、喷射混凝土等进行防护，有利于减缓坡面受到的雨水冲刷。

加筋格宾挡墙是将低碳钢丝编织成六边形双绞合金属网面，进而将金属网面制作成箱体结构，并填充符合既定要求的块石或鹅卵石，达到防护冲刷的目的。加筋格宾挡墙具有安全性好、耐久性好、组装和施工方便等特点，能均匀分散冻胀产生的应力，不存在传统刚性结构局部破裂并逐步扩散的风险。

6.3.2 锚固

锚索是通过一端固定于坡面，另一端锚固在滑动面以内的稳定岩体中穿过边坡滑动面的预应力钢绞线，直接在滑面上产生抗滑阻力，增大抗滑摩擦阻力，使结构面处于压紧状态，以提高边坡岩体的整体性，从而从根本上改善岩体的力学性能，有效地控制岩体的位移，达到整治顺层、滑坡及危岩、危石的目的。

① 滑坡推力较小的浅表层滑坡的治理和结构加固宜采用锚杆结构，滑坡推力较大、滑面（带）较深的滑坡治理和结构加固宜采用锚索结构。

② 当滑坡体为堆积层或土质滑坡，且采用预应力锚索时，应与钢筋混凝土梁、格构或抗滑桩共同组成抗滑支挡体系，且其锚固段宜置于岩层内。

6.3.3 减载与反压

通过削方减载或填方加载方式来改变滑体的力学平衡条件，也可以达到治理滑坡的目的。但只有在滑坡的抗滑地段加载、主滑地段或牵引地段减载才有效果。如果滑坡的滑动方式为推动式，并具有上陡下缓的滑动面，采取后部主滑地段和牵引地段减载的治理方法可起到治理滑坡的作用。减载时需经过滑坡推力计算，得出沿各滑动面的推力，才能判断各段滑体的稳定性。若减载不当，不但不能稳定滑坡，还会加剧滑坡的发展。加载，即在滑坡前部或滑坡剪出口附近填方压脚，以增大滑坡抗滑段的抗滑能力。采用此项措施的前提条件是滑坡前缘必须有抗滑地段存在。与减载一样，滑坡前部加载也要经过精确计算，才能达到稳定滑坡的目的。

减载与反压削方减载措施适用于主滑面倾角大于20°的滑坡和错落性滑坡，应在滑坡上部的主滑段实施减载；前缘回填反压措施适用于滑坡前缘地形条件不受限制的滑坡治理，应在滑坡体的前缘抗滑段实施。除此之外，还应满足以下要求：

① 滑动面已经贯通的滑坡采用减载措施时，应辅以相应的支挡工程和截排水措施。

② 削方高度较高时，应设计单级或多级卸荷平台，相邻平台高差不宜大于10m，平台宽度为2～3m。

③ 回填反压时基底软弱的土层应挖除或换填，基底应设计成台阶状；填土底部应采用碎块石或砂卵石等渗水材料填筑。

削坡也是一种山体滑坡工程治理措施，主要是为了提升滑坡体稳定性，依据滑坡的实际情况进行边坡放缓或者对边坡进行分级削坡，在削坡过程中需要设计挡土墙，以防止施工过程二次滑坡。

6.3.4 截排水

滑坡坡顶设置截水沟，坡面设置排水沟，形成完整的截排水系统。

① 地表截排水沟断面形状宜采用梯形或矩形断面。

② 滑坡外围截水、排水应依据滑坡后缘地形设置在滑坡体后缘 5m 以外的稳定坡面上。

③ 截排水沟纵坡超过 10%时，应设置消能措施；当高差小于 5m 时，宜设置单级消能，大于 5m 时，宜设置多级消能。

④ 截排水沟弯曲段应考虑水位弯道壅高的影响，安全超高不宜小于 0.3m；排水沟弯曲段的弯曲半径不得小于最小容许半径及沟底宽度的 5 倍。

⑤ 截排水沟宜采用毛石混凝土或素混凝土修建，强度等级不宜低于 C20。

6.3.5 植物防护

在对滑坡体进行工程治理时，需要在相应区域进行植被保护，利用植物对土壤层加固，可减弱雨水冲刷，减少滑坡。植被混凝土生态护坡施工过程包括坡面整理、镀锌铁丝网和锚钉的铺设安装、植被混凝土制备、植被混凝土喷植。坡面整理主要是清除坡面的杂草、落叶、浮土和浮石。镀锌铁丝网和锚钉的铺设安装采用电锤垂直于坡面钻孔，以便击入锚钉，从而增强护坡强度和抗冲刷能力。表层和基层植被混凝土由砂壤土、水泥、有机质、特有的添加剂混合组成，在搅拌表层植被混凝土时加入设计要求的植物种子。植被混凝土喷植一般采用混凝土喷射机，基层和表层分别进行。从坡面由上至下进行喷植，先基层后表层。基层植被混凝土喷植是在确认坡面上无杂物后，用水进行坡面喷淋，以促使植被混凝土与坡面连接紧密。表层植被混凝土喷植需在基层施工结束后 8h 以内进行。

6.3.6 其他措施

绕避属于预防措施而非治理措施。对于大型滑坡或滑坡群的防治，由于工程难度大、防治工程造价高、工期长，有时不得不采取绕避的方式来预防滑坡灾害。

滑坡滑动多与地表水或地下水活动有关。因此在滑坡防治中，需要采取措施排除地表水和地下水，避免地表水渗入滑体，减少地表水对滑坡岩土体的冲蚀和地下水对滑体的浮托，从而提高滑带土的抗剪强度和滑坡的整体稳定性。

针对滑带土的不良工程性质，通过提高滑带土强度的方法防止滑坡滑动，包括钻孔爆破、焙烧、化学加固和电渗排水等。从理论上来说，这些方法是可行的，但由于技术和经济方面的原因，在实践中还很少应用。

6.3.7 治理滑坡工程实例

某管道平行等高线沿坡体中部台田地敷设，2020 年暴雨期间，上部斜坡发生高位浅层滑坡，大量水流夹杂块石顺沟而下，导致管道上部已建挡墙被冲刷破坏，造成整体垮塌。本工程采取修建抗滑挡墙方式治理（图 6-3）[22]。

图 6-3 修建抗滑挡墙治理滑坡

6.3.8 治理斜坡工程实例

斜坡岩性以松散坡积层为主，坡度较陡，如果坡面没有设置挡墙及修建排水沟引流，可能会引起坡面局部汇水冲刷引发滑坡发生。不稳定斜坡的防治方法有分级支挡、斜坡护坡、坡面排水等。某管道穿越 G210 后垂直等高线上坡，坡度为 30°，坡长 40m，上部为台田地，因上部台坎土层较厚，为确保斜坡的稳定性，修建了三级挡墙。经过汛期验证，设置分级挡墙后，土体稳定，未发生滑坡（图 6-4）[22]。

图 6-4 设置三级挡墙治理不稳定斜坡

6.4 水毁灾害工程防治措施

水毁即由水力因素如洪水、暴雨等造成的油气管道露管甚至破损等情形或现象。水毁一般分为坡面水毁、台田地水毁、河沟道水毁，如图 6-5 所示。

(a)　　(b)　　(c)

图 6-5　坡面水毁（a）、台田地水毁（b）和河沟道水毁（c）

导致水毁的主要外在原因是降水，土体吸收水分达到饱和状态，自身的力学性质降低，在土压力和水压力的作用下发生失稳破坏[22]。对水毁灾害，主要遵循治早治小原则，通过修建截排水沟、疏通截排水沟、冲刷坑回填、冲沟回填、水工保护等及时修复，防治水毁灾害扩大化，将隐患扼杀在摇篮中，以获得较高的投资效益比。根据《油气管道地质灾害防护技术规范》(GB/T 40702—2021)，水毁地质灾害防治可以按表 6-3 选取适宜的措施。

表 6-3　管道水毁地质灾害工程防治措施

灾害类型	措施类型	措施名称
河沟道水毁	护岸	挡墙式护岸、坡式护岸、石笼护岸、丁坝护岸、草袋植物护岸
	护底	过水面、地下防冲墙、拦砂坝、淤积坝或石谷坊、U 形槽
	护脚	柔性混凝土块板、抛石护脚、石笼护脚、柴枕护脚
	稳管	混凝土连续浇筑稳管、混凝土配重块稳管、石笼稳管、袋装土稳管、打桩护管
坡面水毁	护坡	挡土墙、砌石护坡、骨架护坡、草袋护坡、预制块护坡、换填、回填

续表

灾害类型	措施类型	措施名称
坡面水毁	护面	实体护面墙、截水墙、素喷护面、锚杆挂网喷浆护面、冲土墙、灰土干打垒
	坡面整治	堡坎、水平沟、鱼鳞坑、植生带、植树、种草
	地表排水	截水沟、排水沟、跌水、急流槽
台田地水毁	—	挡土墙、堡坎、回填、排水沟、改良换填及复垦

下面对河沟道水毁、坡面水毁、台田地水毁三种水毁灾害类型的防治分别进行阐述。

6.4.1 河沟道水毁

河沟道水毁一般发生在管道穿越河流或沟道的地段，是流水冲蚀作用形成的，降雨、上游水库放水、冰雪融水、地下水等水文变化都可能对河沟道及堤岸产生侵蚀和破坏。河沟道水毁数量相对固定，一般具有典型的季节性，治理后可得到有效控制。

根据管道与河沟道的相对空间关系，可将管道河沟道水毁划分为管道穿越河沟道、管道跨越河沟道、管道顺河沟床及管道顺岩坡敷设 4 种。河沟道水毁主要危害是对管道上下游河床的冲刷、下切及河岸凹部的侧向冲刷，使管道露管、漂管，冲刷河床使管道架空。

河沟道水毁的防治主要有护岸、护底、护脚、稳管四种措施类型，工程应用中常见做法为管道通过河沟道时采用护岸挡墙加沟道护底或修建固床坝的综合防治方式，以稳定岸坡、防止沟底冲刷、保护管道安全。

修建护底治理河道水毁工程实例：

某油气管道垂直等高线下坡后斜穿河沟，汛期河道内水量较大，冲刷力较强，两岸挡墙基本完好，沟底暂无防护，有较多块石堆积，粒径为 0.3～2.0m。影响主要表现为河床下切、岸坡侧蚀作用，因长期水流冲刷造成露管或悬管。通过修建河道护底对穿河管道进行保护，如图 6-6 所示[22]。

6.4.2 坡面水毁

坡面水毁一般发生在坡体上，多发生在管道横向或顺向穿越土石山区，主要由坡面水力冲蚀土体引起，其中边坡的坡度、降雨和人类工程活动是影响坡面水毁的三个主要因素。坡面水毁破坏形式以横切管道、顺蚀管沟和溯源侵蚀为主，对管道主要危害是冲刷管道覆土，冲毁管道挡土墙、截水墙等附属设施，使管道

图 6-6 修建护底治理河道水毁

浅埋、露管、悬空等。坡面水毁灾害的发育严重程度取决于管道埋深、管道上方覆土回填的密实度、穿越方式等。一般情况下，坡面土体越松散，坡度越大，降雨强度越大，人类工程活动越频繁，坡面水毁灾害发生的可能性就越大，其危害程度也越大。坡面水毁的危害程度与台田地水毁类似，一般不会造成断管。

坡面水毁工程防治主要有护坡、护面、坡面整治、地表排水四种措施，工程应用中的常见做法为针对坡面汇水冲刷或侵蚀灾害，采用截排水沟加截水挡墙方式疏导坡面截排水，清理、修复截排水沟，防止管道区域坡面汇水冲刷。

修建排水沟防治坡面水毁工程实例：

某油气管道垂直等高线穿山谷后上陡坡，上部坡面汇水段曾发生过冲刷露管，已建坡面护坡基本完好。为进一步减轻汇水对管道区域造成冲刷，在已建挡墙和对管顶采取硬化保护基础上修建排水沟，疏导水流至远离管顶一侧，如图 6-7 所示[22]。

图 6-7 修建排水沟防治坡面水毁

6.4.3 台田地水毁

台田地水毁的工程防治主要有挡土墙、堡坎、回填、排水沟、改良换填及复垦等措施，工程应用中的常见做法为针对台田地汇水冲刷或台坎垮塌，采用浆砌块石挡墙方式恢复垮塌的台田地土坎或加固台田坎，防止造成管道区域汇水冲刷。

挡墙防治台田地水毁工程实例：

某油气管道垂直等高线上坡，存在台坎挡墙发生局部损坏风险。为确保雨季期间挡墙不发生整体垮塌，拆除破损挡墙并在原基础上加长，从而确保高田坎的整体稳定性，如图 6-8 所示[22]。

图 6-8 加长挡墙防治台田地水毁

结合某省油气管道水毁防治经验，针对小型水毁隐患以修复为原则，基本采用沙袋覆土回填，并增设防水薄膜覆盖，防止雨水冲刷的方式进行保护。针对穿越河道的水毁，主要采用箱涵或者盖板的方式对管道进行保护，避免洪水冲刷导致管道覆土厚度变薄。较大的隐患以修复加预防复发为原则，如龙泉市某公司天然气管道水毁治理，采用浆砌石排水沟和生态排水沟加浆砌石护坡加挡土墙的形式治理和预防水毁地质灾害。

6.5 其他灾害工程防治措施

6.5.1 泥石流地质灾害工程防治措施

泥石流防治应采取“以防为主，以避为宜”的方针。管道工程泥石流治理设计应采用以流域为单元，生物措施、工程治理相结合的综合治理方法。根据《油气管道地质灾害防护技术规范》（GB/T 40702—2021），泥石流地质灾害防治可以按表 6-4 选取适宜的措施。

表 6-4　管道泥石流地质灾害工程防治措施

灾害类型	措施类型	措施名称
泥石流	拦挡	防冲墙、防冲墩、重力式拦挡坝、刚性及柔性格栅坝、拦砂坝、停淤场
	排导	排导槽、导流堤、单边防护堤、渡槽
	截排水	截水沟、排水沟
	其他	岸坡防护、沟道整治、坡面治理、植被（生物）工程

对于泥石流工程防治措施，常采取多种措施结合应用。常见的有拦砂坝与急流槽相结合的拦排工程，导流堤、拦砂坝和急流槽相结合的拦排工程，拦砂坝、急流槽和渡槽相结合的明洞（或渡槽）工程等。

6.5.2　地面塌陷地质灾害工程防治措施

根据《油气管道地质灾害防护技术规范》（GB/T 40702—2021），塌陷地质灾害防治应在综合溶洞、管道稳定性分析的基础上，按表 6-5 选取适宜的工程防治措施。

表 6-5　管道塌陷地质灾害工程防治措施

灾害类型	措施类型	措施名称
岩溶塌陷	治水	地表水及地下水截流、排泄、疏导、堵水
	填垫	洞口封闭、洞底填塞、塌陷坑回填夯实、换填、挖填、垫褥
	灌注	钻孔灌注、洞口灌注
采空塌陷	—	注浆、砌筑支撑、开挖回填、强夯

坑洞类岩溶地基处理以及直径小于 10m、埋深小于 5m 的裸露岩溶土洞宜采用填垫法；已发生塌陷或经处理，处于欠稳定状态的岩溶塌陷区宜采用灌注法；地下水或地表水丰富的岩溶地区，宜采用治水工程，并宜与填垫法、灌注法联合使用；当基础下存在溶洞、溶槽、漏斗时，可采用梁板跨越，跨越基础结构应进行强度、变形验算。

采空塌陷是由于地下矿产开采后，采空区上覆岩层失去支撑，导致地面沉降、塌陷的地质灾害。其防治需结合采矿规划、工程治理及生态修复等多方面因素，采取注浆、砌筑支撑、开挖回填、强夯等工程防治措施。

地面塌陷治理工程实例：

某油气管道垂直穿越乡村水泥路下坡，路基下边坡坡度较缓，现状基本稳定，上边坡已建挡墙结构基本完好，在路基内侧形成了明显的沉降洼地，长4m，宽1.2m，沉降位置恰好在管顶附近，管顶埋深1.5m，继续沉降可能会引发管道变形。经与路政部门协调，对沉降段路基重新回填压实，公路沉降路面采用钢筋砼C25重建，如图6-9所示[22]。

图6-9　沉降路面钢筋砼治理

6.5.3　地震及活动断裂地质灾害工程防治措施

油气管道工程施工前应委托具有资质的第三方单位开展地震安全性评价，根据地震评价报告，对早中更新世断裂带段，可以采用以下措施进行防护：

① 管道在通过活动断层时，应适当增加管道壁厚，环缝焊余高不超过2mm，保证圆滑过渡。

② 合理选择穿越断层的位置，应在活动断层位移、断裂带宽度最小的地方应尽量垂直通过断裂带。

③ 管道穿越断层前后各500m的管道壁厚，应根据计算结果适当增加壁厚裕量，降低管道的正常使用应力水平，增强管道抵抗断裂活动的能力。

④ 管道穿越断层时，对通过断层两侧各200m范围内的管道，应将管沟底宽加大，并采用细沙回填管沟，以增加管道适应变形的能力，允许管道局部段位移，防止地层错位时对管道造成破坏。

⑤ 对通过断层两侧各200m范围内的管道，采取弹性敷设来处理管道的变向，严禁使用热煨弯头，增加管道柔性。

6.5.4 特殊土地质灾害工程防治措施

特殊土地质灾害是指由具有特殊物理力学性质或工程地质问题的土类（如黄土、膨胀土、盐渍土、冻土、软土、红黏土等）引发的地质灾害。这些土类因其独特的成分、结构或环境敏感性，易在自然或人为活动影响下产生变形、失稳等问题。特殊土地质灾害的防治应根据不同类型特殊土的特点制订相应的防治措施，如表 6-6 所示。

表 6-6 管道特殊土地质灾害工程防治措施

灾害类型	现象与后果	防治措施
黄土	黄土遇水易发生湿陷，形成黄土陷穴、黄土暗洞、黄土裂隙、黄土柱等地貌，给管道施工造成困难，同时可威胁和破坏管道的正常使用。此外，黄土潜蚀也会给油气管道安全带来严重后果	地基处理、强夯法、预浸水法、灰土挤密桩、边坡防护、削坡减载+格构护坡、植被护坡、排水工程、截排水沟、盲沟+渗井
膨胀（岩）土	遇水时会崩解，给管道工程安全造成危害，可能导致地基变形和管沟坍塌等问题	换填处理、化学改良、保湿与隔离、保湿覆盖、深基础+地梁、柔性结构设计
盐渍土	高矿化度的盐渍土对混凝土和钢管具有强腐蚀性；溶盐结晶时产生体积膨胀，会对管材和站场地基产生附加压力，容易造成管道的“暗悬空”	换填与隔离、化学固化、耐腐蚀材料、抗硫酸盐水泥、环氧涂层钢筋、控制地下水位
冻土	冻土层对管道的威胁主要是土体冻胀，会使埋设在冻土中的管道随着土体升高，经过多次的冻结—消融—填充—再冻结过程，管道被抬高，甚至发生断裂	保温隔热、隔热层铺设（如 XPS 板）、通风路基、主动冷却、热棒技术、遮阳棚、适应性设计、柔性基础、排水隔水
软土	软土具有高压缩性，在管道自重和外部荷载作用下会产生不均匀沉降或整体沉降，进而使管道应力分布不均匀、弯曲变形、防腐层破坏等，长期作用下会使管道出现疲劳损伤或露出地面，增加管道受外力破坏的风险，使管道更容易出现破裂等损坏	地基加固、预压排水法（真空预压、堆载预压）、水泥搅拌桩、碎石桩、轻质材料填筑、反压护道、抗滑桩/板桩墙
红黏土	红黏土具有明显的干湿效应，富水时土体强度下降明显，坡体易发生变形失稳，造成滑坡、崩塌、不均匀沉降风险，使管道发生弯曲、变形甚至断裂，甚至折断、剪切断裂等破坏	裂隙封闭、黏土浆灌缝、覆盖保护层、边坡加固、锚杆框架梁、生态护坡、排水系统

特殊土地质灾害防治需以“查清机理、预防为主、工程与生态结合”为核心，最大限度降低灾害风险并保障工程安全。综合治理的原则为：精准勘察先

行、因地制宜设计、动态监测预警、生态协同修复。工程防治措施主要包括三个方面：①详细调查油气管道工程地质条件，弄清特殊土的发育情况、物理力学性质及影响工程地质灾害的环境条件，合理规划和选择工程场地，使油气管道的重要设备设施尽可能避开特殊土的危害；②对于可能遭受特殊土危害的油气管道，根据具体条件进行处理，如合理选择油气管道基础及上部结构，使之具有与地基条件相适应的抗灾害能力；③对于已经发生危害的油气管道要加强灾害监测，必要时及时进行专门防治，减少灾害损失。岩土类型不同，具体的防治措施不一，应根据具体情况，进行防治。

6.6 管道工程防治手段

进行油气管道工程地质灾害防治时，多种工程防治措施配合使用，比单纯采用某一种工程防治措施更为有效，也更为经济合理。除上述工程防治措施外，还要加强灾害监测和检测，应用预警等手段有效地进行灾害预测预报，对工程防治措施的效果开展综合评估，最大限度地减少灾害损失，并且合理保护和治理各个区域的地质自然环境，以削弱灾害活动的基础条件。

6.6.1 监测

油气管道工程地质灾害监测在地质灾害防治中扮演了重要的角色，包括已治理工程监测和未治理工程监测，监测周期根据工程特点确定。已治理工程监测包括地质灾害体变形监测、支护结构应力监测和相关因素监测，监测等级与地质灾害防治工程等级相对应。未治理工程监测包括地质灾害体变形监测、管道应力监测和相关因素监测。监测工作应根据监测内容选择人工监测、自动监测或人工巡查的方式进行。监测要求、监测类型、监测等级、监测内容、监测方法和设备、监测频率、监测设计、数据采集和传输、数据处理、预警应满足《油气管道地质灾害防护技术规范》（GB/T 40702—2021）和《油气输送管道工程地质灾害防治设计规范》（SY/T 7040—2021）的要求。

油气管道工程地质灾害监测应做好如下工作：

一是建立管道地质灾害监测网。油气管道企业在管道建设期间应避让易发生地质灾害区域，建立地质灾害监测预警体系，对油气管道沿线潜在的地质灾害进行实时监测，强化监测队伍力量，及时发布防灾减灾警示信息。

二是发展地质灾害风险评价技术。油气管道运营企业在对地质灾害进行监测识别后，采集油气管道运行相关数据以及影响管道运行的各种地质灾害因素，建立管道安全运行数据模型，采用定性分析为主、定量计算为辅的数值模拟方法对管道应力进行评价，提高评价的准确性。

三是构建管道地质灾害信息数据库。油气管道企业应对所辖管道沿线地质灾害的种类、数量、特征、历史事故数据等信息进行统计，并按要求归类，构建相应的数据库，建立地质评价数学模型，综合相关指标特征，搭建实时高效的管道地质灾害信息管理平台，为管道地质灾害救援提供数据支撑。

四是制定管道地质灾害风险评价标准。总结当前已有油气管道地质灾害案例数据，借鉴国内、国际通用的专家评分指标体系法，根据我国油气管道的具体情况，建立适合国内所有地质灾种的统一风险分级标准，以指导国内的管道风险评价工作，确保地质风险评价结果准确可靠。

五是实现实时管道地质灾害风险管理。在油气管道运行中，其运行参数是实时变化的，周边环境和人类活动等也在不断变化，这些影响因素都会使管道的风险状况发生质的改变。为了能够准确及时地了解一条管道的实时风险水平，应尽快将风险监测、评价技术和标准用于实际管道安全维护工作中，实现由风险评价到风险管理的跨越。

六是建立健全地质灾害应急体系。油气管道企业应健全完善地质灾害应急管理机构和专业救援部门。加强地质灾害应急专业人才培养，定期开展应急演练，是推进地质灾害应急处置能力建设的重要措施。同时建立企地应急联动机制，达到资源、信息共享互通的地质灾害应急平台，提升应急救援能力。

6.6.2 检测

针对高和较高风险的地质灾害点，当工程防治、监测等措施无法短时间实施时，应采用检测手段获取管体的状态数据。所采用的检测手段，不应对管道本体造成损伤或影响其正常使用（特殊情况除外）。管体检测工作包括管体应力、管道埋深、管道位移、管道中心线、管道几何变形等的检测。宜根据检测需求、场地条件、检测设备的技术特点和指标选取合适的管体应力检测设备，定量检测宜采用超声波法（如残余应力超声临界折射纵波检测方法），定性检测可采用磁测法（如矫顽力测量方法）。其他检测方法如 X 射线法、压痕法、盲孔法和涡流法等，应在对其实际应用环境条件下的适用性和有效性验证后选择使用。宜采用管线探管仪或探地雷达对埋地管道埋深和走向进行探测，应采用专用管道水下埋深检测设备对水域穿越管道进行探测，采用管道内检测器开展管道位移、中心线和几何变形检测，应符合 SY/T 6597—2018 的规定。

6.6.3 预警

管道地质灾害预警内容宜包含地质灾害发生区域、受威胁管段位置、灾害点成灾与管道破坏时间等预测信息。预警工作宜在研究预测预报理论、致灾体变形机制与管道破坏关系的基础上，针对不同区域和灾害类型专项开展，可采取室内模型试验、气象与形变监测数据统计分析等方法。预警工作宜联合管道沿线省、地、县、乡、村构建五级群测群防网络体系，做到早发现、早处置。预警等级应以受灾管段受损或被破坏的时间和可能性大小为依据。

油气管道宜在地质灾害监测和评价结果的基础上建立预测模型，对可能发生和可以预警的管道地质灾害进行中长期、短期和临灾预警，对应的等级划分为Ⅰ级（特别严重）、Ⅱ级（严重）、Ⅲ级（较重）、Ⅳ级（一般），依次用红色、橙色、黄色和蓝色表示。

① 中长期预警，对 1 年以上可能发生的地质灾害区域和灾害体的类型、地点、危害情况等进行预测，多为Ⅳ级。

② 短期预警，对未来 1 年到几天内将要发生的地质灾害的类型、地点、危害情况和管道安全状态等进行预报，以Ⅲ级～Ⅳ级为主。

③ 临灾预警，对未来几天到几十分钟内地质灾害发生发展和管道破坏趋势进行报警，多为Ⅰ级～Ⅱ级。

管道地质灾害常用的预测模型见《油气管道地质灾害防护技术规范》（GB/T 40702—2021）中的表 5，宜根据应用对象和预测需求进行选择。宜采用 GIS 融合监测和检测技术建立信息化预警平台，及时对预警范围、等级、时段进行响应和信息发布。开展预警工作时，应根据预警等级与预测内容，密切关注地质灾害点和易发区附近的情况，加密巡检巡查，响应措施可按《油气管道地质灾害防护技术规范》（GB/T 40702—2021）中的表 6 选取。

运营阶段的地质灾害监测预警以油气管道通过地区地质环境条件、建设运营特点及其与地质环境相互作用规律研究为基础，选取地质环境条件、诱发因素（降雨、地震等）、地质灾害体、管道本体等作为监测对象，基于现代信息技术手段，建立地质灾害预报预警模型和预警阈值，开展地质灾害监测预警。同时针对运营期发生的地质灾害进行应急抢险并采取工程治理措施。最终将运营阶段的油气管道背景数据、各项地质灾害防治成果、各类风险防控行为等数据统一集成至监测预警平台，利用平台持续地对油气管道地质灾害风险进行有效管理及提前预防应对，形成油气管道地质灾害风险管控体系。

6.6.4 全生命周期管理

油气管道可以从可行性研究、初步设计、施工图设计、竣工验收、运营等五个阶段入手，综合研究油气管道全生命周期诱发、加剧、遭受地质灾害威胁危害的可能性，避免和减少产生不良后果的基本方法，增强地质灾害防治的针对性、时效性和科学性，提高油气管道建设及运行的地质安全保障能力和水平。油气管道全生命周期地质灾害防治的主要内容如表 6-7 所示[23]。

表 6-7 管道全生命周期地质灾害防治的主要内容

阶段划分	防治工作	比例尺	范围	主要目的	依据
可行性研究阶段	地质灾害危险性评估	1：10000~1：50000	管道中心线左右各 1km	用地审批要件，线路场地选址，指导地质灾害防治	地质灾害防治条例
	压覆矿产资源评估	1：10000~1：1000	管道中心线左右 200~1000m	避免资源开发危害工程建设，避免工程建设过度压覆矿产资源	矿产资源法
	地震安全性评价	1：1000000~1：100000	管道中心线两侧 25（近场）~150km(区域)	确定工程抗震设防要求，避免地震地质灾害的危害	防震减灾法、地震安全性评价管理条例等
	防洪评价	1：10000~1：1000	河道管理范围及分析河段范围	确定建设工程与洪水的相互影响关系；避免洪水灾害危害	防洪法、水法等
初步设计阶段	地质安全评价	1：5000~1：1000	部分地段管道中心线左右各 500m	优化管道线路，绕避地质灾害；提出地灾防治方案建议	
施工图设计阶段	工程治理	>1：1000	具体地质灾害点	以“治早治小”为原则控制地质灾害风险	
	施工期地质灾害防御体系建设	>1：50000	具体的地质灾害点(段)	提前防范地质灾害的发生及可能产生的危害或威胁	
竣工验收阶段	工程治理	>1：1000	具体地质灾害点	控制地质灾害风险	
	前期防治工作总结、验收、评价、后期工作建议	—	—	为运营阶段地质灾害防范提供技术支撑与基础	

续表

阶段划分	防治工作	比例尺	范围	主要目的	依据
运营阶段	日常巡查汛期三查(排、检、核)	＞1：50000	管道中心线左右各1km	确定灾害点的风险级别，为地质灾害管理建立基础数据库并为制订灾害点的防治计划提供依据	管道所处阶段地质灾害防治的实际需要，结合国家及行业的技术标准规范
	地质灾害调查与风险评价	1：50000~1：2000	管道中心线左右各1 km		
	地质灾害监测预警	＞1：50000	具体地质灾害点(段)	提前防范地质灾害的发生及其可能产生的危害威胁	
	工程治理	＞1：1000	具体地质灾害点	降低或消除地质灾害风险	
	地质灾害应急	＞1：1000	具体地质灾害点	控制地质灾害风险，保障安全	
	油气管道地质灾害风险管控体系	—	—	提升油气管道地质灾害防治科技水平	

第7章 地质灾害防治实践案例

油气管道在建设期间虽然已经避开了大型的和老旧的地质灾害，但由于人为工程扰动或断层错动等诱发因素，势必会造成新的地质灾害。可以说，伴随着管道运营开始的那一刻，管道沿线地质灾害防治的工作也就开始了。目前，各管道运营单位每年都投入资金对出现的危及管道安全运营的地质灾害进行防护和治理，正是及时有效的治理工作，才保障了管道的安全运营。下面通过几个实例说明有效的地质灾害防治技术的应用效果。

7.1 某成品油管道苏木沟滑坡治理工程案例

7.1.1 隐患描述

苏木沟滑坡位于甘肃省临洮县红旗乡苏木沟内，该滑坡距沟口约 5km，兰成渝管道从滑坡威胁区穿过。苏木沟为季节性洪水沟，沟坡坡角底部较陡（50°～70°），上部较缓（25°～30°），沟坡高差为 30～60m，滑坡发育于该沟坡上半部，管道从滑坡底部穿过，并修建有管道的伴随公路，未采取永久性滑坡防治工程。据现场调查，该滑坡每年大约下滑 20cm。2003 年 5 月初的一场大雨，雨水破坏管道并冲垮公路，路基坡面出现了多处斜坡坍塌，并在路面上形成多条裂缝。该滑坡如果不及时采取有效防治措施，会危及某成品油管道及其伴随公路的安全。

2003 年 7 月中旬，管道公司、设计院进行现场调查，管道公司委托设计院对该滑坡实施防治工程设计。从9月份开始，对该滑坡进行了多次考察，并进行了地形测绘、工程勘查、岩土实验，基本查明了该滑坡的工程地质条件及对输油管道的危害现状。

滑坡位于苏木沟北岸沟坡的上半部，为一顺层滑动的基岩滑坡，滑坡体为砂、石、黏土的复合体，结构松散，坡度为25°～30°，垂直高差为25m，滑坡总体长度为55m，上部宽为30m，下部宽为50m，平均厚度为3m，总体积为6600m^3。滑坡后壁最高达9m，近于陡立，滑坡东侧陡壁高为5～7m，不断有风化岩体崩落，堆积于滑体后部，增加滑坡体积，增大滑坡的下滑力。降雨是滑坡滑动的主要诱发因素，遇到大雨、暴雨或连续几天的中雨，滑坡将向下滑动。

设计主要利用参数：滑坡体在天然状态下的容重$\gamma=17.8kN/m^3$，内摩擦角$\varphi=10°$，黏聚力$C=16kPa$，摩擦系数$\mu=0.45$，浆砌石的$\gamma=23kN/m^3$，地震加速度值为$0.2g$。

根据计算，在天然状态下，滑坡的稳定系数为1.4；降水情况下，考虑地下水孔隙压力，滑坡的稳定系数为0.94，处于蠕滑变形状态；地震及降雨作用下稳定系数为0.67。所以，滑坡在天然状态下是稳定的，但在有降水及地震作用下，滑坡处于不稳定状态，与勘查的结果是一致的。

7.1.2 治理措施

对该滑坡采用多种治理方法并用的综合防治方案。治理工程的核心是治水、平整滑坡体、固化坡体表面，滑坡体上部及外部采用明渠排水，采取防止降雨渗入松散体的措施；锚固滑坡后壁及东侧陡壁，防止岩土体崩落；沟底采用重力式挡土墙的治理措施，防止坡体崩塌和洪水冲蚀；管道伴随公路滑塌采用路堑式挡土墙支护。

7.1.2.1 排水渠工程

为有效防止降水形成的地表水流对滑坡冲刷和渗透，软化土层，从而影响滑坡的稳定性，根据现场调查结果，在滑坡外围及边缘修筑两条排水渠，拦截滑坡体外部径流进入滑坡。排水渠采用浆砌块石，渠深为0.4m，顶宽为0.6m，底宽为0.3m；渠底下垫0.1m的三七灰土垫层，底部每隔2m设计一道高为40cm的防滑齿。

滑坡前缘伴随公路里侧修建一条排水渠，防止降水及从坡体上排水渠排下来的水对公路的冲蚀。

在重力式挡土墙上部，对原有渠道进行改造，修建成浆砌石排水渠，防止渠道内流水渗入挡土墙内。公路里侧排水渠与此排水渠尺寸均采用深为0.6m、顶口宽为 0.6m、底宽为 0.4m，用厚度为 0.2m 的 M10 浆砌块石构筑，渠底下垫厚为 0.1m 的三七灰土垫层，排水渠的结构设计图如图 7-1 所示。

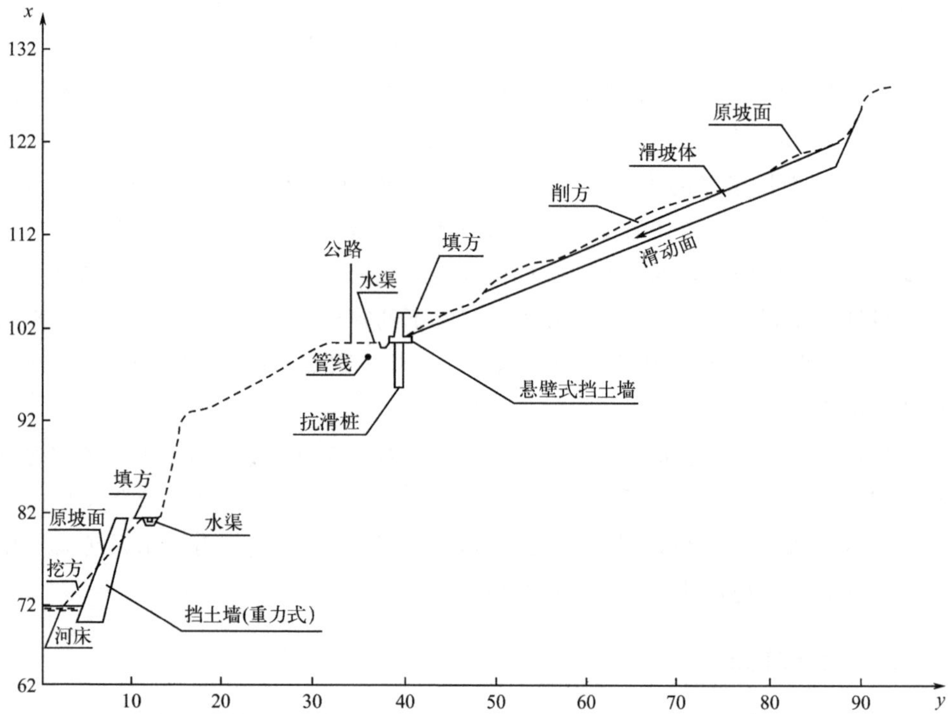

图 7-1　治理设计剖面图

7.1.2.2　重力式挡土墙

① 在沟底设计一道重力式挡土墙。

② 墙体砌筑材料采用 M10 浆砌块石，石料标号不低于 30MPa，厚度不小于 30cm。

③ 挡土墙设计高度为 11m，其中地面以上墙高为 9m，地面以下埋入深度为 2m，墙顶宽为 0.6m，挡土墙总长度为 135m，胸坡比为 1∶0.4，背坡比为 1∶0.3，墙底设计成 0.2∶1 的反坡。

④ 挡土墙开挖深度为 2.5m，在底部夯实基础，以提高承载力和摩擦力。

⑤ 挡土墙墙体设置三排泄水孔，水平间距为 3m，垂直间距为 3m，呈梅花形分布，泄水孔断面采用直径为 100mm 的圆孔。外倾坡度为 5%，墙后排水孔处填砂砾垫层（反滤层，0.7m×0.7m×0.7m）。

⑥ 挡土墙每隔 15m 设一道伸缩缝，宽为 20mm，伸缩缝必须设在同一垂直面上，从墙顶到基础贯通，用沥青麻筋充填，深度不小于 0.2m。

⑦ 挡土墙顶部可选用大块片石置顶并用砂浆抹平。

⑧ 墙后填料如采用原有坡体土时，应适当混以块石，分层夯实。

7.1.2.3 路肩式挡土墙

① 在管道伴随路的地基边坡上设计一道厚度 1.2m 的路肩式挡土墙，保护路基的安全。

② 采用明挖基础，使用浆砌块石，块石厚度不应小于 0.3m，块石的强度等级不低于 MU30。

③ 设计挡土墙长为 27.5m，高为 11m，整体宽为 1.2m，坡比为 1∶0.3，墙后填土角度为 1∶2。

④ 在挡土墙中间设计三排泄水孔，最底层泄水孔比地面高出 0.5m，水平间距 3m，垂直间距 3m，呈梅花形分布，泄水孔断面采用直径为 100mm 的圆孔，外倾坡度为 5%，泄水孔后面设反滤层（0.7m×0.7m×0.7m）。

⑤ 挡土墙每隔 15m 设一道伸缩缝，宽为 2cm，伸缩缝必须设在同一垂直面上，从墙顶到基础贯通，用沥青麻筋充填，深度不小于 0.2m。

⑥ 应分层错缝砌筑，基底和墙趾不应有垂直通缝。挡土墙顶部可用 C15 强度的混凝土抹平或选用大块片石置顶用砂浆抹平。

⑦ 墙后填料如采用原有坡体土，应适当混以块石或砾石，分层夯实。

7.1.2.4 悬臂式挡土墙

滑坡体右侧厚度大，左侧厚度相对较小，对右侧厚度较大的滑体进行平整，减小其体积，减小滑坡的下滑力。

平整面积为 $1088m^2$，厚度平均为 1m，体积为 $1088m^3$，削坡后坡度为 25°。

① 受原有地形的限制，没有空间修建重力式挡土墙，所以采用悬臂式挡土墙。悬臂式挡土墙用于一般高度时，具有较为经济、断面积较小（与同高度的其他形式的挡土墙相比）、所占空间和用地较少等优点。

② 挡土墙长为 60m，高为 3m，上宽为 0.5m，立板底部宽为 1m。

③ 立臂背部的受力钢筋，选用 A3 钢筋，ϕ32mm，间距按 0.2m 布置。在水平方向配置 ϕ12mm 的分布钢筋，间距为 0.3m。在立壁的墙面一侧，配置钢丝网，以提高混凝土表层抵抗温度变化和混凝土收缩的能力，防止混凝土表层出现裂缝。

④ 墙踵部的受力钢筋，选用 A3 钢筋，ϕ20mm，间距按 0.2m 布置，便能满足设计要求。钢筋向右设置通长钢筋，向左延伸的长度满足有关锚固长度的要求。

⑤ 挡墙主筋保护层厚度为 40mm，挡土墙混凝土强度等级为 C20。

⑥ 挡墙中间距地面为 0.5m 高设计一排泄水孔，直径为 10cm，水平间距为 2m，背后铺垫反滤层砂砾（0.7m×0.7m×0.7m）。

⑦ 挡土墙每隔 15m 设一道伸缩缝，宽为 2cm，伸缩缝必须设在同一垂直面上，从墙顶到基础贯通，用沥青麻筋充填。

⑧ 墙后填料最好选用块石、砾石、粗砂，这样的填料透水性强，抗剪强度稳定，易排水。如采用原有坡体土，应适当混以块石或砾石，分层夯实。

⑨ 施工时应加强滑坡动态监测，保障人员安全。

7.1.2.5 抗滑桩工程

① 在滑坡坡脚伴随公路里侧设计钻孔灌注抗滑桩。

② 每隔 6m 布置一根截面尺寸为 1000mm×1000mm、长度为 9m 的钢筋混凝土灌注桩，混凝土标准 C20，共设计 11 根桩。。

③ 主筋为 20ϕ22，箍筋 ϕ10@400mm，桩底 2 倍桩径范围内箍筋要加密。

④ 抗滑桩埋入地面以下 6m，地面以上 3m，抗滑桩上部 3m 每隔 30cm 预留 50cm 与悬臂式挡土墙连接的露筋，露筋直径为 22mm。

⑤ 灌注桩的工程质量主要取决于施工工艺和施工水平，难以保证其工程质量，需要采取可靠的方法检查桩身质量以消除隐患。

⑥ 灌注桩的制作、施工应符合有关规范的规定。

7.1.2.6 降水工程

对苏木沟床进行重力式挡土墙基础施工时，由于有地下水，会造成施工不便，应采用降水孔降水。

共设计降水井 8 眼，间距为 20m，距挡土墙基础为 7m，设计孔深为 4m。开挖挡土墙基础时，开始降水，至基础施工完成之后，即可停止降水。

7.1.3 治理效果

工程施工前后效果如图 7-2 所示。

(a) 施工前

(b) 施工后

图 7-2 施工前后效果图

7.2 某输气管道护坡滑坡治理工程案例

7.2.1 隐患描述

某输气管道为顺坡敷设，顺坡敷设总长度约 200m，管道于 2011 年 6 月试投产运营，管径为 1219mm，壁厚 27.5mm，材质为 X80 螺旋缝埋弧焊钢管，设计压力为 10MPa，埋深 1.5～2.0m，因连续降雨冲刷导致坡面水毁，淤积的泥水易导致滑坡，对管道安全形成威胁（图 7-3）。

图 7-3 管道走向图

7.2.1.1 风险分析

① 滑坡点附近存在管道弯头，滑坡导致管道弯头应力加剧，可能存在管道拉裂泄漏及爆燃风险。

② 管段滑坡点 50m 内有 10 户居民，500m 内有 50 户居民，地区等级为Ⅲ级，共计影响人口约 150 人。

7.2.1.2 隐患响应过程

① 巡线工发现滑坡迹象后，汇报场站。

② 场站接到汇报后，赶往现场核实，并测量管道详细参数，初步识别风险隐患状况，并启动场站应急处置预案。同时向管理处做专项汇报，现场布控警示，对周边群众进行宣传，并走访当地村委会进行风险告知。

③ 管道企业组织专家现场踏勘，识别现场隐患，确定风险等级，并初步制订治理方案。

7.2.2 治理措施

管道企业对现场进行了踏勘，根据现场实际情况，制订了如下方案：

① 为防止南侧坡面下部两道挡土墙垮塌，对其进行加固，加固挡土墙修筑时应分段施工，排水沟和沉降缝与原来一致；

② 南侧坡面根据现场实际地形修筑 Z 字形截排水沟 1 道，共 5 段，在坡体下部右侧山坡根部修筑纵向排水沟 1 道，与 Z 字形截排水沟相连，将坡面汇水排至坡脚原有排水沟；

③ 在北侧坡面修筑砌石纵向排水沟 1 道，纵向排水沟在陡坡段以台阶形式修筑，坡面中部 2 个陡坎根部和坡脚各修筑浆砌石消力池 1 个；

④ 根据现场实际地形在坡面修筑浆砌石横向截水沟 6 道，截水沟和纵向排水沟相连，将坡顶及坡面汇水通过纵向排水沟排至沟底自然排水沟。

7.2.3 治理效果

经过现场治理，坡体已处于稳定状态，坡面截排水起到减缓冲刷效果，两边侧边沟排水良好，挡土墙能有效防止泥水淤积产生下切力，挡墙治理长度 200m，隐患已消除（图 7-4）。

(a) 治理前　　(b) 治理后

图 7-4　治理前后对比图

7.3 某输气管道危岩体治理工程案例

7.3.1 隐患描述

张家沟危岩（群）位于重庆市石柱土家族自治县黄水镇张家沟左侧斜坡，川汉公路（省道）从张家沟左侧通过，交通便利。石柱属于云贵高原东北的延伸部分，为巫山大娄山中山区，齐曜山、方斗山近平行排列纵贯全境。地势东南高、西北低，呈起伏状下降。黄水镇大风堡海拔高 1934.1m，西沱镇陶家坝海拔仅

119m。境内以中山、低山为主，兼有山原、丘陵，危岩所在地海拔为 1324～1400m。区内出露地层主要为侏罗系中统上沙溪庙组（J_2s）砂岩夹泥质粉砂岩，砂岩呈中厚层状，泥质粉砂岩呈中薄层状。岩层产状近水平，测得张家沟岩层产状为 55°∠4°。危岩（群）发育在侏罗系中统上沙溪庙组长石石英砂岩地层中。危岩所在的张家沟沟底高程为 1325～1340m，危岩所在高程为 1340～1400m，临空高度 20～75m。在顺管道约 200m 范围段，共发现 6 个危岩体，自上游往下游依次编号为 A、B、C、D、E、F（图 7-5），危岩体之间相距 10～40m，单个危岩体积为 300～2300m^3。

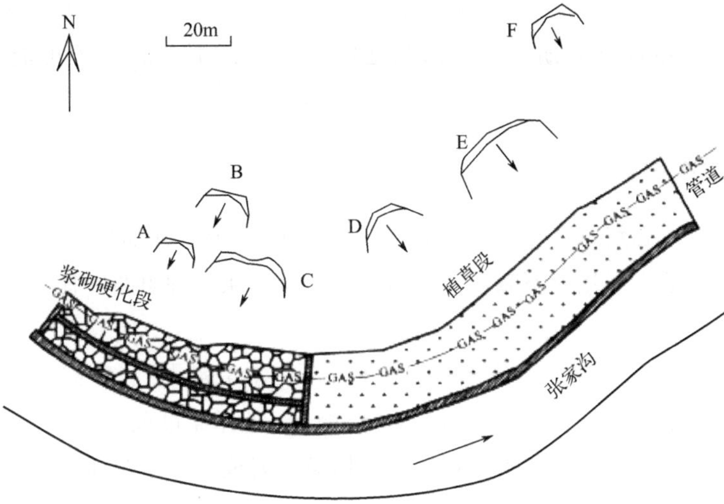

图 7-5　张家沟危岩（群）平面分布示意图

7.3.1.1　危岩地形地貌特征

张家沟自西向东流，旱季（调查期间）流量约为 5L/s，沟底宽度一般在 10～30m。危岩发育在张家沟的左侧斜坡，处于张家沟向南弯拐的突出斜坡部位。斜坡坡度为 40°～60°，局部陡崖（危岩）部位近直立。根据陡崖（危岩）分布高程，可分出两级，下一级基脚部位高程为 1350～1360m，临空高度（距管道高度）为 20～30m，分布有 A、C、D、E 等 4 个危岩体；上一级高程为 1380～1400m，临空高度（临下级危岩顶部高度）也为 20～30m，分布有 B、F 等 2 个危岩体。两级危岩陡崖之间有 10～30m 宽窄不等的缓坡过渡带。

7.3.1.2　危岩空间形态结构

后缘拉裂张开，正面上悬下凹。后缘拉张裂缝宽数厘米至数十厘米，一般都是上宽下窄。前缘临空面，由于岩层的差异风化和剥蚀，危岩体下部均出现不同程度的内凹岩腔，使得危岩上部岩体悬空。在外倾的拉张裂缝与内凹的岩腔联合控制下，危岩体呈现“头重脚轻”的不稳定状态。

7.3.1.3 危岩变形宏观分析

张家沟危岩群各个危岩体后侧均不同程度地发育拉张裂缝，缝的最宽处近1m；各个危岩体两侧均见到裂缝，很可能是相互贯通的；裂缝切割深度大，接近基脚部位。从正面看，危岩体中下部内凹，上部凸出。从空间上看，危岩体几乎是“站立”在陡坡上，且“头重脚轻”，所以，危岩体呈不稳定状态。

影响危岩体稳定的因素包括降雨、风化剥蚀及地震动。降雨，特别是特大暴雨时，危岩后侧裂缝可能积水，形成静水压力，给危岩体增加了侧向的推力。由于存在差异风化剥蚀，危岩体下部均出现了岩腔，在进一步风化的条件下，支撑力降低，最终导致危岩崩塌。当遇到地震动如地震时，震动力可能导致危岩崩塌。

7.3.2 治理措施

治理的总体思路是：对危岩体逐一进行加固，防止其崩塌；对管道进行保护，以保证遇危岩崩塌时不致破坏管道。针对这两条治理思路，提出以下两种治理方案：

① 对各个危岩体设置“支撑柱+锚杆”[图 7-6(a)]。岩腔部位设置钢筋混凝土支撑柱，通过锚杆将支撑柱与危岩体联结，锚杆穿过危岩后侧控制结构面，进入稳定岩体一定深度，使支撑柱、危岩体及基岩成为一个整体，达到防止危岩崩塌滑落的目的。

② 管道上设置钢筋混凝土拱架[图 7-6(b)]。拱架的作用相当于盖板，但能承受的冲击力更强，因为危岩体规模大、势能大，崩塌岩块到达管道附近时会有很大冲击力。

(a) 危岩体支撑柱　　(b) 钢筋混凝土拱架

图 7-6 张家沟危岩体治理后效果图

7.3.3 治理效果

在具体实施中采用了两者结合的治理方案，即在上部采用锚索锚固的方法将可能崩塌的、规模较大的岩体或块石进行固定，防止崩塌；下部的管道采用拱形结构梁加覆盖的方法进行防护，确保管道的万无一失。

7.4 某输气管道水毁灾害防治工程案例

7.4.1 隐患描述

某输气管道水工保护工程区域，某日大暴雨，公路及山坡汇水冲刷管沟正上方，已被冲出一条大沟，下游原有渠壁也被冲垮，渠底损坏非常严重，洪水大量渗入管沟，将管道内回填的细土带走，长时间冲刷，有可能使管道悬空，严重影响管道安全运行。

7.4.2 治理措施

修建1号、2号两道截水沟，长度分别为20m、100m，用于拦截公路及山坡汇水；回填管沟，夯实、整平，保证埋深不小于0.8m；重建下部损坏渠底及部分渠墙，长度均为10m。

图7-7至图7-9分别给出了该水工保护工程的工程平面布置图、工程剖面布置图、渠底硬化结构图。

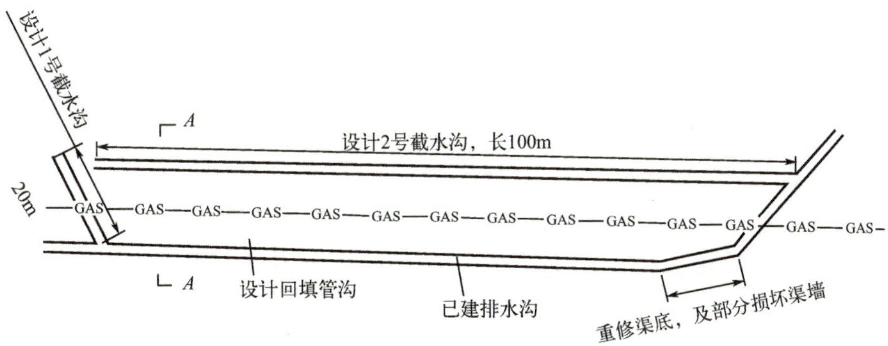

图7-7 工程平面布置图

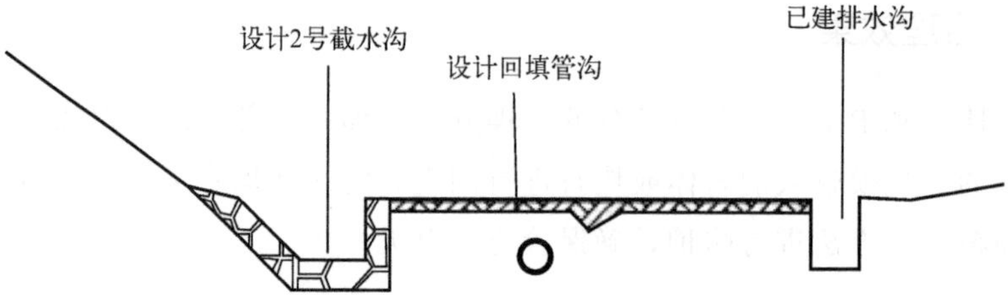

图 7-8 工程 A-A 剖面布置图

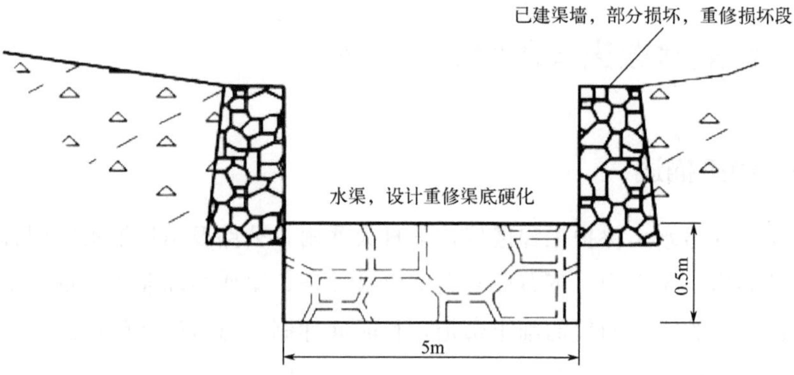

图 7-9 渠底硬化结构图

主要施工技术要求及注意事项如下。

(1) 排水沟施工

① 排水沟采用 M7.5 水泥砂浆砌筑，浆砌片石厚度不小于 25cm，抗压强度不低于 30MPa；并用 M10 砂浆抹面，抹面厚度不得小于 20mm。

② 施工过程中注意施工质量，沟底、沟壁要求平整密实，不滞水、不渗水，必要时予以加固，防止渗漏和冲刷。

③ 排水沟转角及与其他排水工程衔接处应平顺，同时注意防渗处理。

④ 水沟坡降以不小于 5%为宜，确保水顺畅排出。

⑤ 将开挖土方回填管沟，整平、夯实。

(2) 沟底硬化施工

① 硬化分段开挖施工，每次施工长度不宜超过 3m。

② 沟底硬化浆砌片石厚 0.5m，开挖 0.3m，修平、夯实基础。

③ 浆砌片石厚度不小于 15cm；M7.5 水泥砂浆砌筑，接缝错开，石块彼此镶紧。

(3) 重修浆砌渠墙施工

① 墙体浆砌块石，采用坐浆法施工，砂浆黏度不宜过大，片石表面清洗

干净。

② 砌筑砂浆 M7.5，砂浆饱满度不小于 95%，不得做成通缝；石料选用强度不小于 MU30 的新鲜硬质块石或片石，厚度不小于 15cm。

③ 墙顶用 M10 水泥砂浆抹成 3%的外斜护顶，厚度不小于 30mm。

④ 砌筑挡土墙时，要分层错缝砌筑，外露面用 M10 砂浆勾缝，基底不得做垂直通缝，砂浆水灰比必须符合要求，且填塞饱满度不小于 95%。

⑤ 基底力求粗糙，基底潮湿时，应夯填 50mm 厚的砂石垫层。

⑥ 施工中注意挡墙保护。

7.5 某输气管道河道水毁治理工程案例

7.5.1 隐患描述

管道企业巡线队开展日常巡查管道工作时，发现石鼻河西江东侧管道水工保护基础由于连续大雨，受河水冲刷，发生部分坍塌，原河床硬化层也被河水冲毁部分（图 7-10）。

(a) 对水保基础坍塌处采取加固措施　　(b) 临时加固后的现场（箭头为管道走向）

图 7-10　管道水毁现场

7.5.1.1 风险分析

管道穿越水域时，在水动力作用下，管底地基可能被局部掏空，形成悬空管段，情况严重时，易造成天然气管道断管破损、泄漏，甚至发生爆炸事故（图 7-11）。

7.5.1.2 隐患响应

接到报告后，管道企业迅速组织施工力量进行抢险施工。

图 7-11　河水湍急

河水冲刷下蚀，导致水泥硬化层遭到破坏，致使管道有漂移以及悬空的可能，为了排除该处隐患，组织施工队伍对该处进行了抢修施工（图 7-12）。

图 7-12　治理现场

施工期间，组织了两次集中的管道临时加固措施。完成初步措施后，管道得到稳固，避免了管道遭受损坏可能带来的重大危险（图 7-13）。

图 7-13　临时加固措施

7.5.2　治理措施

针对管道石鼻河西江东侧水保部分坍塌险情，管道企业组织施工单位对塌方处进行垒砌沙袋加固施工。由于河水较为湍急，现场安排了两名巡线队专职巡线员，晚上每隔 1h 对加固处情况进行一次巡检，确保管道安全平稳运行。

设计院前往查看现场，根据现场情况制订了此处施工方案，确定了盖板涵保护管道、河岸两侧设混凝土挡墙的形式，进行施工作业。

7.5.3　治理效果

隐患整改主体工程施工历时 87 天。整改施工效果良好，已消除隐患，管道现处于安全运行状态（图 7-14）。

图 7-14　完工后复测管道埋深

7.6 某原油管道黄土湿陷后悬空治理工程案例

7.6.1 隐患描述

某原油管道沿线普降大雨，作业区区段长在徒步巡线过程中发现，某处管道上方有落水洞，经现场勘查，落水洞洞口直径为 0.3m，深 1.5m，未发现管道和光缆外露。随后对该落水洞开挖验证，发现管道上方有覆土，底部悬空 4m，水流向低处的下一块台田地延伸。经现场勘查，该区域属侵蚀构造低山地貌，地形相对平坦开阔，相对高差为 3～8m，为耕地分布区；整体呈阶梯状台地，宽 10～25m，坎高 3～8m。土质为黄土，土质均匀，结构疏松，具有湿陷性。该区域地貌为台田地，管道顺台田地敷设，降雨汇水导致管道上方及附近土体垮塌、塌陷形成落水洞等湿陷性迹象，且局部地段汇水沿管道敷设方向形成暗沟冲刷，从而造成管道及光缆露管、悬管。

7.6.2 治理措施

针对该隐患点特征，结合征地费用较高、施工难度较大的实际情况，制订了先开挖后夯实回填塌陷区并顺落水洞注浆的治理方案。顺落水洞方向，找到落水洞底部的出水口，将出水口开挖出作业坑，用装填相应比例二八水泥土的草袋将出水口封堵压实，确保只流出水，不流出灰浆。在落水洞顶部修建临时注浆池，并在池底预留出浆口。在注浆池内配置二八水泥土，加注清水至二八水泥土呈现流动状，完成灰浆的制作。灰浆既不能太稀也不能太稠，刚好处于流动状即可。打开注浆池出浆口，将灰浆顺落水洞自上而下注入。为了避免损伤光缆，不能连续注入，若光缆在管道上方，须间隔 20～30min 注浆一次；若光缆在管道下方，可缩短注浆间隔时间，一般 15～20min 注浆一次。观察落水洞底部出水口不再出水后，打开草袋，查看注浆情况。若落水洞底部注满灰浆，说明整个落水洞已灌满灰浆，即可停止作业。

此段管道埋深较深，最深处可达 9m，如全部开挖，放坡宽度大、工程量多、费用高。实施注浆方案后，在保障安全的前提下，相较于传统的大开挖回填夯实方法，大大减少了开挖量和开挖风险，节约了成本和时间。治理现场如图 7-15 所示。

图 7-15　治理现场

7.6.3　治理效果

通过此次管道安全运行风险的消除工作，取得了一些治理经验。对于湿陷性黄土区域，台田地上方的落水洞容易造成水流沿着管道向低处串水，掏空管道下方，使管道和光缆底部悬空，需及时进行开挖验证。为防止开挖过程中对光缆的伤害，特别是未加硅管的裸露光缆，作业区宜利用光缆夹线钳测出光缆位置和埋深，采用人工锹微量平铲的方式找出光缆，利用角钢包裹保护后才可以进行大面积人工开挖。此次抢险采取分段开挖、分段回填的方式，确保了抢险过程中的人员、管道和光缆的安全。汛期抢险可能存在降雨造成作业坑坍塌等风险，应关注作业区天气预报，提前在现场准备脚手架、防雨布等物资，如遇下雨，及时搭建脚手架、安装遮雨棚、修筑小型排水沟，将雨水排出，防止雨水流入作业坑，造成作业坑坍塌。

7.7　某输气管线黄土山体加固治理工程案例

7.7.1　隐患描述

某输气管线位于黄土山体上，山体坡度大于 45°，局部地段达 50°以上，相对高差为 81m，山体南北侧各发育有一条小冲沟，内有落水洞。山体南北两侧上部也发育有多处小型黄土塌陷，体积一般为数百立方米。该河沟为季节性洪水、泥石流沟，对沟岸冲刷较强烈。输气管线自沟底顺坡面直通到山顶，坡面水流汇集、入渗等作用直接影响山体的稳定性与输气管线的安全运行。

工作区位于两高原交汇部位，自中生代以来，差异性地壳运动强烈，褶皱基底强烈隆升，凹陷沉降明显，形成构造山地与山间河谷盆地。区内新构造运动活强烈，历史上曾多次发生强震并波及该区。根据全国地震基本烈度进行区划，本区地震基本烈度为Ⅶ度，地震加速度为 0.1g。

7.7.2 治理措施

根据输气管线左岸山体稳定性现状、工程地质条件及其对输气管线的危害性，采取坡面整修、局部削坡减重，修筑护坡挡土墙、坡面排水和锚杆挡土墙支护等综合治理措施，对不稳定山体进行加固，主体工程采用锚杆挡土墙支护。

在对坡面局部削坡减重的基础上，采用 4 级锚杆挡土墙对上部不稳定山体进行加固。每级挡土墙高 11～16m，墙坡比为 1∶1，锚杆水平间距为 3.0m，垂直间距为 2.5m，倾角为 30°，呈梅花形布置。锚孔直径为 13m，注浆材料为 1∶1，水泥砂浆，水灰比为 0.45，用注浆管由底部向上注浆；墙体为喷射混凝土，厚度为 14cm，墙顶边角部位增厚至 20cm，设计强度 C20，砾石粒径为 5～15mm，并配双向钢筋网。

7.7.3 治理效果

山体支护的结构形式众多，由于黄土力学强度低，属高压缩性土，工程地质性质较差，黄土山体支护工程中存在严重的工程地质影响问题。结合山体周边环境和区域地质条件，选取锚固护坡挡土墙工程方法，对失稳黄土山体进行加固，同时要加强各种排水措施来保证治理效果。

这种管线施工方式，具有施工工期短、工程造价低、受施工季节和地下水的影响较小、对周边环境的影响程度较小、工程的机械化程度较高等优点。

7.8 某输气管道某某沟滑坡特征及防治设计案例

某输气管道干线穿越山区，地质构造复杂，地形高低起伏大，是地质灾害的多发地区，且地质灾害类型多，包括滑坡、危岩体、泥石流、岩溶塌陷等。

7.8.1 隐患描述

某滑坡的后缘高程为 1475m，前缘高程为 1445～1555m，主滑方向 330°，滑坡面积约为 3000m^2，厚度一般为 3～9m，体积约为 $5\times10^4m^3$，是一个小型滑坡。滑坡发育在某某沟的右侧斜坡，该沟由东南流向西北，旱季（调查期间）流量约 4L/s，沟滩平坦开阔，一般宽 30～50m，沟滩已开发为耕地。滑坡的左侧发育小冲沟，近南北向，沟深 3～4m，流量约 0.3L/s，管道穿越段修建了排水渠。某某沟滑坡属于牵引式滑坡，依据滑坡钻孔资料，绘出滑坡剖面图。滑坡发育在残坡积及崩坡积构成的松散斜坡中，东北侧的覆盖层较薄，约 2m，西南侧较厚，可达 9m。斜坡为顺向坡中，基岩的产状与滑坡面的产状基本一致。滑坡后部滑带在覆盖层中，前部滑带为覆盖层与基岩交界面。滑面整体呈弧形，滑坡剪切口位于管道开挖沟槽。

滑坡发育在松散层中，发育深度不大，最大深度±9m。滑坡内钻孔 ZK2 可显示滑带的存在，ZK1 在孔深 6.6～6.7m 可见较纯的黏性土，呈饱水状态，黏性大，可塑性强。其土性特征明显区别于上下土层，可以据此判定为滑带。

坡体中地下水比较丰富，滑坡变形区有渗水点存在。勘探钻孔中均遇地下水，地下水埋深 0.6～5m 不等，滑坡中前部埋深浅，中后部埋深大。

滑坡变形时，管道斜向穿过斜坡。由于管沟开挖，拦腰切割斜坡，引发管沟边坡滑塌，然后变形逐步向上部扩展，变形的上侧边缘发展到了简易公路的外侧。主要表现为局部的下坐与拉裂。结合滑坡结构分析，滑坡有两种破坏形式：①滑坡上层土体滑溜，这种滑溜是小规模的、局部的、浅层的，滑动面不连续；②滑坡整体沿基岩面滑动，这种滑动则是滑坡整体沿贯通滑面滑移。

某某沟滑坡滑动出现在管道管沟开挖前后。在斜坡半坡部位斜向开挖管道沟，形成了一道 3～5m 的边坡。由于时值雨季，小雨不断，坡体富水，使管沟边坡以上的覆盖层出现了滑塌，并由此牵动了斜坡中后部的变形。

除保存明显的管沟开挖以后出现的滑坡变形现象以外，还发现有一些老的滑坎，树木呈马刀形，说明此段斜坡本来就是不稳定的。

新近滑坡滑动的诱发因素为：①斜坡下部管沟开挖造成临空面；②降水入渗。

在没有降水入渗及外界扰动的情况下，滑坡就是不稳定的。在遇久雨、大雨时，滑坡变形将很可能会进一步发展。滑坡岩土物理学参数见表 7-1。

表 7-1　滑坡岩土物理力学参数

名称	状态	容重	抗剪强度参数	
		γ/(kN·m^{-3})	C/kPa	φ/(°)
滑带土	天然状态	19.5	14	22.7
	饱和状态	20	10	18.7
滑体土（碎石土）	天然状态	21	18	25
	饱和状态	22	16	20
滑床（泥岩粉砂岩夹粉砂质页岩）	饱和状态	25.5	60	34

7.8.2　治理措施

根据宏观稳定性分析和极限平衡法定量计算，在没有降水入渗及外界扰动的条件下，滑坡处于临界平衡状态。在遇久雨、大雨或扰动时，滑坡将很可能失稳。管道从滑体前缘经过，掩埋较浅，一般为 1.5m，不管局部滑溜还是整体破坏，滑坡的滑动变形都将直接推挤管道，威胁管道的安全。同时滑坡滑走后将威胁滑坡后缘的简易公路和公路上方一栋民房的安全。

根据滑坡的变形特点及其对的管道影响，采取“抗滑桩＋挡土板”并结合地表排水的综合治理措施。

在管道内侧设置一排桩径为 1.0m×1.5m 的小口径人工挖孔抗滑桩，桩中心间距为 4m，有长度为 10m 和 7m 两种桩型，可阻挡滑坡整体破坏。抗滑桩根据滑坡剩余推力和桩后主动土压力大小设计，取两者中较大值。剩余推力取滑坡久雨、暴雨（50 年一遇）状态下（滑坡地下水位高度上升至设计暴雨地下水位高度），考虑安全系数 $K=1.20$ 时设桩处滑块的剩余推力值。由于滑坡体上层土体松散，桩间设置总高 1.8m 挡土板，搭接在桩身后侧，阻挡桩间浅层松散土体滑溜。在滑坡后缘及两侧设置截、排水沟，拦截坡面流水，并有效降低斜坡地下水位，减弱地面水力冲刷，防止水土流失，保护管道覆盖。由于滑坡稳定性差，滑坡治理施工时严格要求间隔开挖并密切监测滑坡变形情况。

7.8.3　治理效果

某某沟滑坡治理工程已经竣工，桩开挖揭示的地层情况与勘查相同，治理效果良好。在西山区还存在多处地质结构与某某沟滑坡相似的滑坡。某某沟的治理为其他地段地灾的治理也提供了经验。

第8章 未来决策及展望

长远来看，油气管道仍将是能源输送的重要方式。然而，油气管道时刻面临着诸如滑坡、泥石流、地震等地质灾害的威胁。地质灾害一旦发生，可能会导致油气泄漏，造成巨大的经济损失，还可能引发环境污染和安全事故，危及周边居民的生命和财产安全[24-25]。要确保管道安全稳定运行，必须科学、精准地开展油气管道地质灾害风险评价，并实施有效的管理。

本章将深入探讨油气管道地质灾害风险评价和管理方面的前沿发展与实践。从大数据、人工智能、物联网、云计算等新技术在风险评价中的创新应用带来的防控变革到地质工程、石油工程、环境科学、信息科学等多学科交叉融合带来的创新思路；从标准化与规范化发展对行业的新方向，到应对技术难题、政策法规变化、社会环境影响等挑战的策略剖析，全方位描绘了油气管道地质灾害风险评价方法与实践的未来发展方向，为行业发展提供有力的理论支持与实践指引，助力构建更加安全可靠的油气管道输送体系。

8.1 新技术驱动管道地质灾害防控变革

在全球数字化转型的大背景下，大数据、人工智能、物联网、云计算等前沿技术正逐步应用在油气管道地质灾害风险评价和管理的工作中。这些新技术凭借其独特的优势，深度融入到地质灾害风险评价和管理的各个环节中，给数据采集、分析以及风险监测、预警等各方面都带来了前所未有的变革。

8.1.1 大数据技术多源数据整合与风险深度挖掘

从二十世纪六七十年代大型机的初兴到微型机的出现，直至现在多种智能设备的不断发展进步，数据信息的容量和处理速度需求不断增长，现代化的信息技术已经有近 70 年的历史。随着技术的不断发展，大数据应用已经逐渐覆盖整个社会生活，包括医疗、交通、工程建设、灾害预防与管理、机械、公共设施等各个领域。

大数据技术具有强大的数据整合和分析能力。而油气管道涉及的数据来源广泛且复杂，包括地质勘查数据（如地层结构、岩石特性、地质构造等信息）、管道运行参数（如压力、流量、温度等）、气象水文数据（如降雨量、风速、水位变化等）等。这些数据不仅格式多样，还具有多源异构的特点，传统的数据处理方式难以从中提取有价值的信息。

大数据可以通过合成孔径雷达测量、高分卫星遥感、无人机航测、机载激光雷达测量等多种新技术手段的综合运用，建立空-天-地一体化多源观测体系，实现针对地质灾害的不同层次、不同时间以及空间，使用不同手段进行多方位观测[26-28]。

大数据技术具有海量数据深度剖析能力，可以通过不同的数据建立有针对性的算法模型。其中，聚类分析算法可以将具有相似地质条件和运行状况的管道区域进行归类，从而发现潜在的风险模式。关联规则挖掘则能找出不同数据之间的隐藏关系，确定哪些地质因素、气象条件与管道故障之间存在紧密联系。例如，某段穿越山区的油气管道，通过对多年的地质数据、降雨数据以及管道泄漏事故记录进行大数据分析，发现特定的降雨强度和持续时间，结合某类不稳定的地质构造，会显著增加管道因滑坡而破裂的风险。这一发现为后续的风险评价提供了关键的依据，使风险评价更加精准。

大数据技术具有对多维度数据收集整合能力。大数据平台不但能够汇聚常规意义上的数据来源，也能通过众包平台、社交媒体网络等从用户和大众群体处获取数据。通过对大量历史数据的分析，确定每个指标的权重，从而更科学地评估地质灾害风险。例如，在评估泥石流对管道的威胁时，综合考虑地形坡度、岩土体类型、植被覆盖度、降雨量以及管道与潜在泥石流路径的距离等多个指标，利用大数据分析计算出每个指标对风险的贡献程度，为风险评价提供量化依据。

总之，针对地质数据海量、复杂、多源的特点，传统的数据处理技术显得无能为力，大数据处理的各个环节，都体现出特有的新兴技术特点。当前的地质灾害监测预警方法和手段已经有了很大的可选用空间，地质数据的数量、种类、流转速度不断增加，借助大数据技术能够进行科学采集、分类以及分析处理，完善地质灾害监测预警机制，深化专群结合、人技结合的地质灾害群测群防制度，推广点面结合的专业监测预警体系建设，推进地质灾害大数据中心建设。

8.1.2 人工智能推动智能识别与精准预测分析

近年来，人工智能（artificial intelligence，AI）技术发展迅猛。在地质灾害智慧防治研究领域，AI 技术在识别、评估、监测预警以及智慧服务等场景中的应用越来越广泛和深入，在提高隐患智能识别精度和效率、监测预警可靠性、评估准确性以及信息服务精准性等关键问题上取得了重要进展[29-30]。其中较为常见的人工智能技术包括深度学习与神经网络、机器学习算法、数据挖掘与预测分析、自然语言处理和图像识别技术等。人工智能在油气管道地质灾害风险评价中的应用主要体现在机器学习和深度学习模型上。机器学习算法，如决策树、随机森林等，能够根据历史灾害数据和相关地质条件，建立不同的风险预测模型。这些模型通过对大量数据的学习，能够自动提取特征并进行分类、预测。例如，利用决策树算法，可以根据管道沿线的地质类型、地形地貌、地震活动频率等因素，构建决策树模型，预测不同区域发生地质灾害的可能性。深度学习模型，如 CNN、RNN，在处理复杂数据和进行精准预测方面具有明显优势。CNN 擅长处理图像数据，在地质灾害风险识别评价中，可以用于分析地质遥感图像和管道内部检测图像。通过对大量滑坡、泥石流等灾害区域的遥感图像进行训练，CNN 模型能够自动识别出灾害区域的特征，准确判断潜在的地质灾害隐患。RNN 则适用于处理具有时间序列特征的数据，如管道运行过程中的压力、流量变化数据。通过对这些数据的学习，RNN 模型可以预测管道运行状态的变化趋势，提前发现潜在的安全问题。

以某油气管道公司为例，采用深度学习模型对管道沿线的地质灾害进行风险预测。该模型融合了地质勘查数据、卫星图像数据和管道运行监测数据，经过大量历史数据的训练，能够提前预测滑坡、泥石流等地质灾害的发生概率和影响范围，预测准确率相比传统方法提高了 30% 以上。这使得管道运维人员能够提前采取防范措施，如加强管道防护、疏散周边人员等，有效降低了灾害损失。

8.1.3 物联网技术实现全域感知与实时监测预警

物联网是指通过信息传感设备，按照约定的协议，把任意物品与互联网连接起来，进行信息交换和通信，以实现智能化识别、定位、跟踪、监控和管理的一种网络。物联网的最关键技术是通过智能感知和识别技术，利用计算机进行计算分析来实现人与物、物与物之间的信息联通，实现人的自动化和精确化控制，为管理和决策等活动提供有效的第一手资料。物联网技术的发展，实现了物理和信息等基础设施统一识别的新时代[30-32]。将物联网技术应用于油气管道设计、建设、运营、维护和管理的全过程，有利于促进管道的完整性管理和失效控制，提高管道运行的安全性和经济效益。

与传统的技术相比，物联网有其鲜明的特征。首先，物联网是各种感知技术的广泛应用，布设了大量且类型多样的传感器，每个传感器都是一个信息源，而不同类型的传感器所捕获的信息内容和格式亦不同；其次，物联网是一种建立在互联网上的泛在网络，互联网仍然是其重要基础和核心，通过各种有线和无线网络与互联网融合，将物体和过程信息实时准确地传递出去；第三，物联网不仅提供了传感器的连接，其本身亦具有智能处理能力，可以对物体实施智能控制，以适应不同用户的不同需求，发现新的应用领域和应用模式。

物联网技术在预测、监测地质灾害方面的应用。通过在管道沿线安装大量传感器，构建起全域感知网络，实现对地质体变形、地下水位波动、管道应力变化等关键数据的实时采集。位移传感器、压力传感器、水位传感器、应变传感器等种类繁多的传感器能够精确测量各种物理量的变化，并将数据通过无线通信技术实时传输至监控中心。例如，在管道穿越河流的区域，安装水位传感器和位移传感器，实时监测河水水位变化和管道周边土体的位移变化情况。一旦水位超过警戒值或土体位移达到一定程度，传感器会立即将数据传输给监控系统，系统根据预设的阈值发出警报，通知运维人员及时采取措施，如加强管道支撑、修复防护设施等。这种实时监测和预警机制能够在灾害发生的初期及时发现问题，为采取有效的应对措施争取宝贵时间[33]。

物联网技术可监测管道运行状态。通过在管道不同位置安装传感器，能够实时获取管道内部的压力、流量、温度等技术参数，另一些传感器也能获得管道外部的环境信息。收集、存储、分析这些数据不仅可以用于实时监测管道的运行安全，还可以为后续的风险评价提供丰富的实时数据支持。而且通过对实时监测数据的分析，能够及时发现管道的异常情况，如泄漏、堵塞等，进一步提高风险评价的时效性和准确性。

8.1.4 云计算技术弹性算力与协同分析支撑

狭义上讲，云计算（cloud computing）就是一种提供资源的网络，使用者可以随时获取“云”上的资源，按需使用，并且可以看成是无限扩展的。从广义上说，云计算是与信息技术、软件、互联网相关的一种服务。云计算把许多计算资源集合起来，通过软件实现自动化管理[34]。总之，云计算不是一种全新的网络技术，而是一种全新的网络应用概念，云计算的核心概念就是以互联网为中心，在网站上提供快速且安全的云计算服务与数据存储，让每一个使用互联网的人都可以使用网络上的庞大计算资源与数据中心。

云计算技术为油气管道地质灾害风险评价提供了强大的弹性算力支持，确保海量数据的高效存储与快速处理。在进行大规模地质灾害模拟分析时，需要处理大量的地质模型、气象数据和管道参数等信息，传统的计算设备不能满足计算需求。云计算平台可以根据任务的规模和复杂程度，动态分配计算资源，快速完成复杂的计算任务。例如，在模拟地震对油气管道的影响时，需要对不同地震强度、不同地质条件下的管道应力应变情况进行分析。云计算平台可以同时调用多个计算节点，并行处理大量的模拟任务，大大缩短了模拟时间。云计算平台还具备强大的数据存储能力，能够安全可靠地存储海量地质数据、监测数据和模拟结果，方便用户随时查询和调用。在风险评价过程中，云计算技术还可为数据的实时处理和分析提供支持。物联网传感器采集的大量实时数据需要及时处理和分析，以判断管道的运行状态和风险等级。云计算平台快速处理数据，并将分析结果反馈给用户，实现对管道风险的实时监控和预警。例如：中国石化的“云大脑”项目实现了“泄漏自动报警、地质灾害提前预警、专家系统管线维护、可视应急救援”等实际应用。

8.1.5 技术协同与系统集成

在实际应用中，大数据、人工智能、物联网和云计算技术通常协同工作，形成一个完整的智能化防灾减灾体系。

物联网实现“感”、大数据完成“知”、AI 辅助“判”、云计算支撑“算”，形成“感知—分析—决策—响应”闭环。物联网传感器实时采集管道沿线的地质体位移、地下水位、管道应力等数据，并将这些数据传输至大数据平台。大数据平台对多源异构数据进行整合和预处理，为人工智能模型提供高质量的训练数据。利用人工智能算法对历史灾害数据和实时监测数据进行深度学习，建立高精度的风险预测模型。当模型预测到潜在的地质灾害风险时，云计算平台迅速提供算力支持，进行灾害模拟分析，评估灾害可能造成的影响范围和程度。同时，系统根据分析结果自动发出预警信息，通知相关部门和人员采取相应的防范措施[35-36]。

8.1.6 新技术在各环节的深化应用

8.1.6.1 风险识别方面

将AI大模型与物联网传感器深度融合，将实现更精准、更全面的风险识别。物联网传感器将采集更丰富、更精细的数据，包括地质体的微观变形信息、管道材料的微观损伤数据等。AI大模型利用这些多源数据，通过强大的特征提取和模式识别能力，能够自动识别出传统方法难以发现的微小异常和潜在风险因素。例如，通过对管道表面的热红外成像、振动频谱数据以及应力应变监测数据的综合分析，准确识别出管道局部腐蚀、裂纹萌生等早期缺陷，提前预警潜在的安全风险。

8.1.6.2 风险评价方面

数字孪生技术与大数据分析的结合将使风险评价结果更加准确可靠。数字孪生模型不仅可以模拟管道在正常运行状态下的性能，还能对各种极端工况进行逼真模拟。结合大数据分析，将历史运行数据、地质灾害数据以及实时监测数据融入模拟过程，能够更精确地评估不同风险因素对管道安全的影响程度。例如，在评估地震对管道的风险时，考虑到管道沿线不同地段的地质条件差异、历史地震数据以及管道的实时运行状态，通过数字孪生模型模拟地震发生时管道的应力应变分布，给出更具针对性的风险评价结果，为制订科学的风险防控措施提供依据。

8.1.6.3 风险监测方面

量子传感技术的应用将大幅提高监测精度，实现对管道运行状态的全方位实时监测。超导量子干涉仪（SQUID）是基于约瑟夫森效应和磁通量子化效应，能够将磁通量变化转化为可测量的电压信号。其灵敏度可达飞特斯拉（fT）级别，相当于地球磁场的千亿分之一。高温SQUID（如YBCO材料）使用液氮冷却，降低了操作的复杂程度。除了SQUID用于监测管道形变外，其他量子传感器也将逐步应用于管道监测领域，如量子压力传感器、量子磁场传感器等，实现对管道内部压力、外部磁场等参数的高精度监测。公开信息显示，中国在中俄油气管道和中缅油气管道中已开展量子压力传感器的试点应用。同时，物联网技术的不断发展将使监测范围更加广泛，传感器的部署将更加密集，以确保无监测死角。通过构建多层次、多维度的监测网络，实时获取管道及其周边环境的各种信息，及时发现潜在风险。

8.1.6.4 预警方面

基于人工智能的预警模型将更加智能和及时。随着AI机器学习和深度学习算法的不断优化，预警模型能够对实时监测数据进行更快速、更准确的分析。结合风险评价结果和历史灾害数据，预警模型可以根据不同的风险场景，提前发出更准确、更具针对性的预警信息。例如，当监测数据显示管道周边地质体出现异常变形时，预警模型根据地质条件、变形趋势以及管道的重要性等因素，预测灾害发生的时间和可能造成的危害程度，为应急响应提供更充足的时间和更详细的决策支持。

8.1.7 技术发展趋势展望

科技不断迭代进步，新技术在油气管道地质灾害风险评价和管理中的应用也不断深入。油气管道地质灾害风险评价和管理也越来越智能化、集成化、精准化。

8.1.7.1 AI大模型实现多种数据融合

传统风险评价依赖单一数据源（如地质遥感图像或管道应力数据），难以全面捕捉复杂灾害链的潜在关联。未来，多模态大模型将成为主流趋势。通过融合图像、振动、声学、文本等多维度数据，构建跨模态特征关联网络，实现对管道缺陷的联合诊断与风险溯源。例如，应用于检测管道内部腐蚀时，可以同步分析超声检测图像的纹理特征、管道运行时的振动频谱（反映介质流动异常），以及泄漏初期的微弱声学信号（如气体逸出的高频噪声），自动识别不同模态数据中的关键风险特征，精准定位腐蚀位置并评估其发展趋势。

8.1.7.2 数字孪生建立预测性模拟

数字孪生技术将从“可视化展示”升级为“预测性仿真”，通过构建与物理管道1∶1映射的虚拟镜像，实现对地质灾害全过程的动态推演与防控策略优化。例如，模拟地质灾害对管道的影响，模型可根据实时地震波参数，动态计算管道各处的应力分布，预测焊缝开裂或滑坡的临界点。

数字孪生技术通过构建物理管道的虚拟镜像，结合物联网传感器、人工智能算法和可视化技术，彻底改变了传统管道维护模式。例如，Enbridge管道公司的虚拟巡检系统采用3D热图技术，将边坡测斜仪数据与管道应变实时关联。运维人员可旋转、缩放虚拟管道，观察地面移动引起的毫米级形变，并生成全息风险热力图。该技术已应用于6条跨国管道，使地质灾害响应时间缩短至2h内。

管道寿命预测也是数字孪生技术的重要应用，技术原理基于多源数据融合与物理-数据混合建模。通过分子动力学模拟材料断裂能垒、有限元模型（如ABAQUS）构建热-力-化多场耦合分析，结合光纤传感器数据（应变分辨率为1με），实现剩余寿命预测误差≤10%。例如，挪威科技大学开发的贝叶斯网络模型，将CFD/FEA仿真结果与实时工艺参数结合，预测小口径管道疲劳寿命。中石油通过航空摄影测量构建管道数字孪生体，整合SCADA系统数据，实现腐蚀速率预测精度提升至92%，并提前6个月识别高风险管段。

8.1.7.3 区块链技术实现数据可信化

区块链技术在油气管道领域的两大核心价值在于数据可信化与协作高效化。通过不可篡改的存证机制，可抵御外部攻击与内部失误；通过去中心化共享模式，可打破部门壁垒并优化资源配置。尽管面临技术整合与标准化的挑战，国内外试点案例已证明其降本增效的潜力（表8-1）。例如，挪威国家石油公司的Johan Sverdrup平台应用数千个传感器将钻井速度、管道流量等数据实时上链，结合智能合约自动计算勘探成本，每年节省2000万美元。中化集团原油贸易试点在进口原油业务中，区块链记录海关、质检、物流等全流程数据，实现全球首个政府部门参与的能源贸易存证。

表8-1 区块链模式与传统模式优势对比表

环节	传统模式	区块链模式
数据采集	中心化存储，易篡改	物联网设备直接上链，不可篡改
数据共享	跨部门壁垒显著	去中心化共享，智能合约自动触发
存证效率	人工审核，周期长	实时存证，秒级响应

未来，随着智能合约、隐私计算等技术的成熟，将与物联网/AI深度融合。例如，管道腐蚀监测数据通过物联网设备采集后，由AI分析异常并自动触发区块链存证与维修工单。区块链有望成为油气行业数字化转型的核心基础设施。

8.2 跨学科融合推动管道地质灾害防控创新

在油气管道地质灾害风险问题的研究与对策中，地质工程、石油工程、环境科学、信息科学等单一学科的知识已难以满足实际需求。多学科的交叉融合解决油气管道地质灾害风险评价和管理问题，为油气管道的管道地质灾害防控提供了新的思路和方法。

8.2.1 多学科在油气管道地质灾害风险防控中的作用

8.2.1.1 地质工程

（1）概念及应用

地质工程主要研究人类工程活动与地质环境之间的相互制约关系，获取地质环境条件，并分析研究人类工程活动与地质环境相互作用的规律，进而采取有效的措施，为工程建设的规划、设计、施工和运营提供可靠的地质依据，以保证工程的安全、经济和正常使用。

地质工程在众多领域发挥着关键作用，例如：在土木工程建设中的工程选址、地基处理及地下工程建设，可保障工程稳定；在水利水电工程中参与坝址选择、水库渗漏与库岸稳定分析，确保工程安全运行；在矿产资源勘查中，承担成矿预测与矿床勘探，助力资源开发；在地质灾害防治方面，进行灾害调查监测，并设计实施防治工程。

（2）地质工程在预防油气管道地质灾害中的作用

地质工程是油气管道地质灾害防控的基础学科，其核心任务是精准识别灾害类型并评估风险等级。

地质工程通过地质勘查，运用地质测绘、地球物理勘探、地球化学勘探以及钻探等多种手段，深入了解管道沿线的地质构造、地层岩性、岩土体特性等关键信息。在地质构造研究方面，精确确定褶皱、断层的分布及其活动性，对于评估地震、断层错动等地质灾害对油气管道的潜在威胁至关重要。例如，若管道穿越活动断层区域时断层发生错动，强大的应力将直接作用于管道，导致管道破裂、泄漏等严重事故。通过详细的地质勘查，明确断层的位置、走向、错动速率等参数，能够为后续的风险评价和管道设计提供关键依据。岩土体特性的研究同样不容忽视。岩土体的力学性质，如抗剪强度、压缩性等，直接影响着滑坡、泥石流等地质灾害的发生机制和危害程度。松软、抗剪强度低的岩土体在降雨、地震等因素作用下，更容易发生滑动变形，对管道造成挤压、破坏。地质工程师通过现场取样和室内试验，获取岩土体的物理力学参数，运用地质力学理论，分析岩土体在不同工况下的稳定性，预测潜在的地质灾害风险区域。地质工程还关注地形地貌特征对地质灾害的影响。山区的陡坡地形易发生滑坡和泥石流，而河流阶地、冲洪积扇等特殊地貌单元，可能存在地下水位变化大、地层不均匀等问题，增加了管道建设和运行的风险。通过对地形地貌的详细研究，能够提前识别这些潜在风险，为制订合理的风险防控措施提供支持。

（3）地质工程在预防油气管道地质灾害方面的应用

① 灾害类型识别：通过地质调查、遥感解译、地球物理勘探等技术，识别滑坡、泥石流、地面塌陷、地震断裂等地质灾害隐患，例如，利用InSAR技术监测地表形变，可提前发现潜在滑坡区域。

② 风险评价模型：结合地质条件、管道参数（埋深、材质、压力等）和历史灾害数据，建立灾害风险评价模型，例如，采用模糊综合评价法或机器学习算法，量化灾害发生的概率和管道受损的可能性。

③ 工程治理措施：针对高风险区域，设计挡土墙、抗滑桩、排水系统等工程措施，降低灾害发生的可能性或减轻其影响。

8.2.1.2 石油工程

（1）概念及应用

石油工程将石油地质学、岩石力学、流体力学等基础学科的理论和方法应用于石油和天然气资源的开发利用，旨在高效、经济地从地下开采出石油和天然气，并进行相应的处理和输送。

石油工程贯穿油气开发全流程。在勘探环节，借助地质与地球物理技术确定潜在油气藏并评估储量；开采过程中，通过钻井工程打通开采通道，运用采油工程技术提高采收率；集输与处理阶段，负责油气的收集、输送及净化处理。

（2）石油工程在油气管道地质灾害中的作用

石油工程学科的核心任务是优化管道设计并提升抗灾能力。

石油工程围绕油气管道的设计、建设和运行维护展开，其目标是确保管道在复杂地质环境下能够安全、高效地输送油气资源。在管道设计阶段，石油工程师根据地质条件、输送介质特性以及输送需求，综合考虑管道的材质、管径、壁厚等参数。对于穿越地质灾害高发区域的管道，选择高强度、耐腐蚀的管材至关重要。例如，在富含腐蚀性介质的土壤环境中，采用耐腐蚀的合金钢或在普通管材表面添加防腐涂层，能够有效延长管道的使用寿命，降低因腐蚀导致的泄漏风险。同时，根据管道所承受的内压、外荷载以及地质变形的影响，精确计算管径和壁厚，以确保管道具备足够的强度和刚度，满足安全输送的要求。在管道建设过程中，石油工程专业人员必须严格遵循施工规范和技术标准，确保管道的铺设质量。针对不同的地质条件，应采用合适的施工方法，如在软土地基上进行地基处理，采用桩基、换填等技术提高地基承载力；在岩石地层中，运用爆破、机械破碎等方法进行管沟开挖，并采取相应的支护措施，防止管沟坍塌。此外，注重管道的连接质量，采用先进的焊接技术和无损检测手段，确保管道接口的密封性和强度，避免因接口缺陷引发泄漏事故。在管道运行维护阶段，石油工程人员通过实时监测管道的运行参数，如压力、流量、温度等，及时发现潜在的安全隐患。利用智能检测技术，如管道内检测、外检测等手段，对管道的腐蚀、变形、裂纹等缺陷进行检测和评估。根据检测结果，制订合理的维护计划，采取修复、更换等措施，确保管道的安全运行。

（3）石油工程在预防油气管道地质灾害方面的应用

① 管道选线优化：在管道规划阶段，结合地质灾害风险评价结果，避开高风险区域或采取绕行方案，例如，在地震断裂带附近，可采用弹性敷设或柔性接头设计，减少地震对管道的破坏。

② 管道强度设计：根据地质灾害可能产生的应力（如滑坡推力、地面沉降等），优化管道壁厚、材质和防腐层设计，例如，在地面塌陷高发区，可采用高强度钢管或增加管道埋深。

③ 应急抢修技术：研发快速抢修技术，如带压封堵、复合材料修复等，缩短灾害发生后的停输时间。

8.2.1.3 环境科学

（1）概念及应用

环境科学是一门研究人与环境相互作用及其调控理论、技术、工程和管理方法的科学，运用多学科的理论、方法和技术，研究环境问题的发生、发展规律，寻求解决环境问题的途径和方法，以实现人类社会与环境的协调发展。

通过环境监测技术与污染控制工程，对空气、水、土壤等环境要素进行监测与治理，如净化污水、处理垃圾；在生态保护与修复上，运用生态学原理对受损生态系统评估并修复，如湿地与矿山生态修复；在资源管理方面，通过承载能力评价指导资源合理开发，推动资源循环利用；同时，为政府制定环境政策、法规及规划提供科学依据。

（2）环境科学在油气管道地质灾害中的作用

环境科学学科的核心任务是减少灾害对环境的影响并促进生态修复。

环境科学在油气管道地质灾害风险研究中，聚焦于管道周边生态环境与地质灾害之间的相互关系。生态环境因素对地质灾害的发生和发展具有重要影响。植被在保持水土、稳定边坡方面发挥着关键作用。茂密的植被根系能够固持土壤，增加土壤的抗剪强度，减少滑坡和泥石流的发生概率。例如，在山区管道沿线，植被覆盖率高的区域，地质灾害的发生率明显低于植被稀疏的区域。此外，植被还能截留雨水，减少地表径流对土壤的冲刷，降低水土流失的风险，从而间接保护管道的安全。土地利用类型的变化也会对地质灾害产生影响。不合理的土地开发，如过度开垦、大规模工程建设等，可能破坏原有的地质环境平衡，增加地质灾害的发生风险。例如，在管道附近进行大规模的切坡建房活动，破坏了山体的稳定性，容易引发滑坡灾害，对管道安全构成威胁。地质灾害发生后会对周边环境造成严重破坏。油气管道一旦因地质灾害发生泄漏，原油或天然气会污染土壤、水体和空气，对生态系统造成长期的负面影响。土壤受到污染后，其肥力下降，影响植被生长；水体污染会危害水生生物的生存，破坏水资源的生态功能；油气泄漏挥发到空气中，还会对周边居民的健康造成威胁。

环境科学通过研究这些相互关系，为制订科学的风险防控措施提供环境方面的依据。在管道规划和建设阶段，充分考虑生态环境的承载能力，避免在生态脆弱区域建设管道。在运行过程中，制订环境应急预案，一旦发生泄漏事故，能够迅速采取措施，减少对环境的污染和破坏。

(3) 环境科学在预防油气管道地质灾害方面的应用

① 环境影响评估：在管道建设和运营过程中，评估地质灾害对土壤、水体、植被等环境要素的影响，制订环境保护措施，例如，在泥石流高发区，采取植被恢复、水土保持等措施，减少泥石流发生的可能性。

② 污染防控技术：针对灾害造成的生态破坏，制订生态修复方案，如植被重建、湿地恢复等，促进生态系统的自我修复；研发油气泄漏应急处理技术，如生物修复、化学氧化等，降低灾害导致的环境污染，例如，在管道泄漏后，利用微生物降解技术处理土壤中的石油污染物。

8.2.1.4 信息科学

(1) 概念及应用

信息科学是以信息为主要研究对象，以信息的运动规律和应用方法为主要研究内容，以计算机等技术为主要研究工具，以扩展人类的信息功能为主要目标的一门新兴的综合性学科。

信息科学广泛应用于多个关键领域。其中信息科学在油气管道地质灾害风险防控中扮演着关键角色，通过构建智能化监测预警体系、实现多源数据融合分析以及提供决策支持，显著提升了防控能力。

(2) 信息科学在油气管道地质灾害中的作用

信息科学学科的核心任务是实现灾害的实时监测并构建预警系统。

信息科学为油气管道地质灾害风险评价提供了强大的技术支持，推动了风险评价工作的智能化和信息化发展。大数据、人工智能、物联网、云计算等信息技术在数据采集、处理、分析和预测方面发挥着核心作用。物联网技术通过在管道沿线部署大量的传感器，构建起全域感知网络，实现对地质体变形、地下水位波动、管道应力应变等关键数据的实时采集和传输。这些传感器就像管道的“触角”，能够及时感知周边环境的细微变化，并将数据迅速传输至监控中心。例如，利用光纤传感器可以实现对管道沿线土体位移的高精度监测，一旦位移超过预警阈值，系统立即发出警报，为及时采取措施提供依据。大数据技术则负责对海量的多源异构数据进行整合、存储和分析。通过数据挖掘算法，能够从大量的数据中提取有价值的信息，发现地质灾害的潜在规律和风险因素之间的关联。例如，通过对多年的地质数据、气象数据、管道运行数据以及灾害历史数据进行大数据分析，建立地质灾害风险评价模型，实现对风险的定量评估。人工智能技术，特别是机器学习和深度学习算法，在风险预测和决策支持方面展现出巨大的潜力。通过对历史灾害数据和实时监测数据的学习，人工智能模型可以自动识别风险模式，预测地质灾害的发生概率和影响范围。例如，利用 CNN 对地质遥感图像进行分析，能够准确识别滑坡、泥石流等灾害隐患区域；采用 RNN 对管道运行数据进行预测，可以提前发现管道的异常状态，为运维决策提供支持。云计算技术为信息科学的应用提供了强大的算力保障。在处理大规模数据和复杂模型计算时，云计算平台能够根据需求灵活分配计算资源，确保数据处理和分析的高效性。例如，在进行地质灾害模拟分析时，云计算平台可以快速完成大量的数值计算任务，为灾害风险评价和应急决策提供及时的支持。

（3）信息科学在预防油气管道地质灾害方面的应用

① 传感器网络：在管道沿线部署高精度传感器（如应变计、加速度计、倾斜仪等），实时监测地表形变、管道应力等参数，例如，利用光纤传感技术实现长距离、分布式监测。

② 大数据与人工智能：结合历史灾害数据、实时监测数据和气象数据，利用机器学习算法（如随机森林、神经网络）预测灾害发生的可能性，并提前发出预警。

③ 数字孪生技术：构建油气管道的数字孪生模型，模拟灾害发生过程，优化应急响应方案，例如，通过数字孪生技术模拟滑坡对管道的影响，指导抢修人员制订最佳抢修路径。

8.2.2 跨学科融合的创新思路和方法

8.2.2.1 建立综合风险评价体系

跨学科融合可以整合地质工程、石油工程、环境科学和信息科学的研究成果，从多个维度对风险进行评估，建立更加完善的油气管道地质灾害风险评价体系（表 8-2）。

地质工程提供地质背景信息，包括地质构造、岩土体特性、地形地貌等，确定地质灾害的潜在风险源和风险区域。石油工程考虑管道自身的设计、建设和运行状况，评估管道在不同地质灾害作用下的抗灾能力。环境科学分析生态环境因素对地质灾害的影响以及灾害发生后对环境的破坏程度，将环境风险纳入评价体系。信息科学则通过数据采集、处理和分析，为风险评价提供实时、准确的数据支持，并运用智能算法建立风险预测模型，提高评价的科学性和准确性。例如，地质条件决定了管道所面临的地质灾害类型和强度，进而影响管道的设计和建设要求；管道的运行状态又会反馈到地质环境和生态环境中，可能引发新的风险因素。通过综合考虑这些因素，运用层次分析法、模糊综合评价法等多指标评价方法，对油气管道地质灾害风险进行全面、系统的评估，得出更加准确的风险评价结果。

表 8-2 多学科风险评价指标体系

学科	核心评价指标	数据来源	应用场景
地质工程	地层结构、断层活动性、岩土体抗剪强度	地质勘查、钻探数据	灾害风险区域划分
石油工程	管道材质、壁厚、抗灾设计参数	管道设计文档、施工记录	管道强度校核
环境科学	植被覆盖率、土壤污染指数、生态红线	遥感监测、环境监测数据	生态影响评估
信息科学	实时监测数据准确率、预警响应时间	传感器网络、AI 模型输出	风险预警与应急决策

8.2.2.2 开发多学科协同的监测预警技术

跨学科融合促进了多学科协同的监测预警技术的发展。结合地质工程的监测方法、信息科学的传感器技术和数据传输处理技术，以及人工智能的数据分析和预测算法，可实现对地质灾害的全方位、实时监测和精准预警。

在监测方面，综合运用地质监测手段和物联网传感器技术。地质监测手段如大地测量、倾斜仪监测等，可以获取地质体的宏观变形信息；物联网传感器则能够实现对微小变形、应力应变、地下水位等参数的高精度、实时监测。通过多种监测手段的互补，构建多层次的监测网络，确保对地质灾害隐患的全面感知。在预警方面，利用大数据和人工智能技术对监测数据进行实时分析和处理。通过建立智能预警模型，结合历史灾害数据和地质环境信息，对监测数据进行深度学习和模式识别。当监测数据出现异常变化，且符合某种灾害风险模式时，模型自动发出预警信息，并根据风险程度给出相应的预警等级。同时，预警系统与应急管理平台相连接，实现预警信息的快速传递和应急响应的及时启动。例如，在某山区油气管道监测项目中，采用了基于光纤传感器的位移监测技术和基于卫星遥感的地质灾害隐患识别技术。光纤传感器实时监测管道沿线土体的微小位移变化，卫星遥感定期获取管道周边区域的地形地貌和植被变化信息。这些数据通过物联网传输至大数据平台，利用人工智能算法进行分析处理。一旦发现潜在的地质灾害风险，系统立即发出预警，并通过手机短信、电子邮件等方式通知相关人员，有效提高了地质灾害预警的及时性、准确性（图 8-1）。

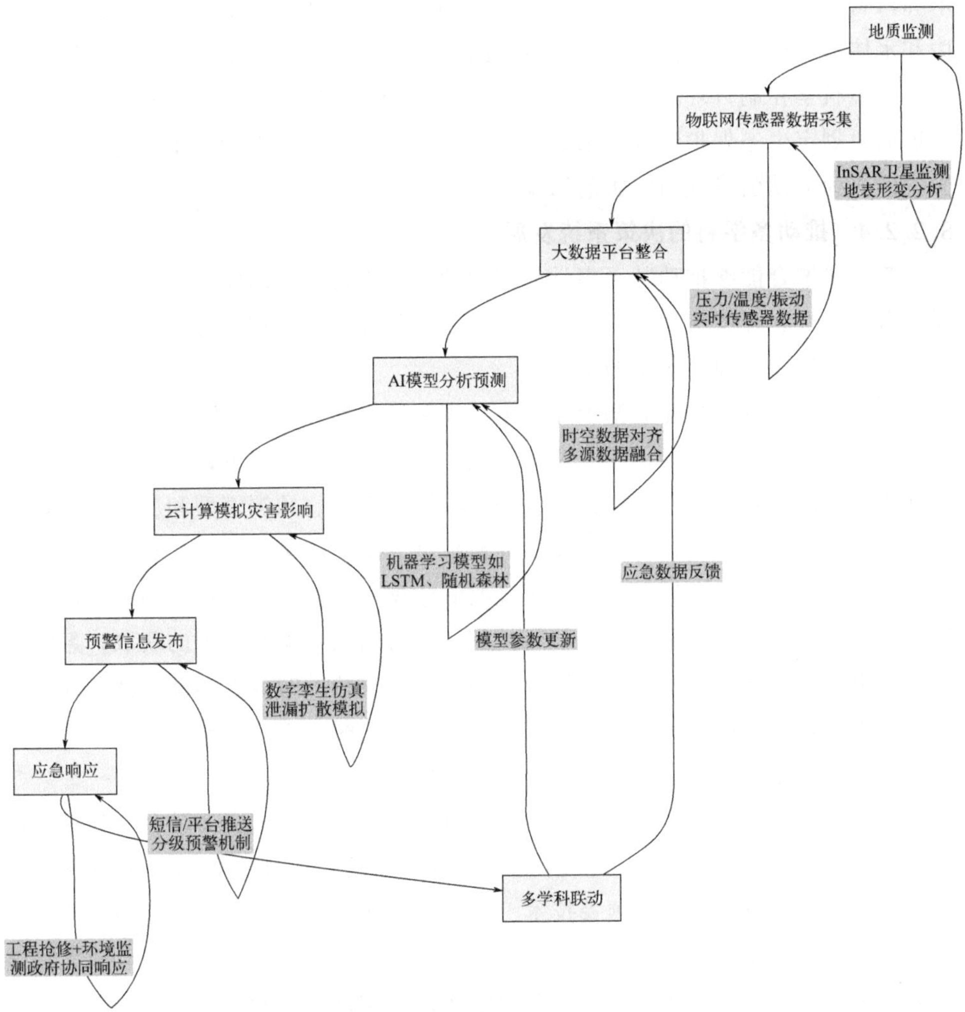

图 8-1 跨学科协同监测预警流程

8.2.2.3 探索灾害防治与环境保护协同的策略

跨学科融合为探索灾害防治与环境保护协同的策略提供了可能。在油气管道地质灾害防治过程中要充分考虑环境保护的要求，最终实现两者的相互促进和协调发展。

从地质工程角度出发，在进行滑坡、泥石流等地质灾害治理时，采用生态治理技术，如植被护坡、挡土墙绿化等，不仅能够有效防治地质灾害，还能恢复和改善生态环境。植被护坡通过种植适宜的植物，利用植物根系固土护坡，减少水土流失，同时还能美化环境；挡土墙绿化则是在挡土墙表面种植植物，增加植被覆盖率，改善景观效果。石油工程在管道建设和维护过程中，注重采用环保型技术和材料。例如，在管道防腐处理中，选用无毒、无污染的防腐涂料，减少对土壤和水体的污染；在管道修复时，采用非开挖修复技术，减少对周边环境的破坏。环境科学在制订环境保护措施时，充分考虑地质灾害防治的需求。例如，在管道周边划定生态保护红线，限制不合理的开发活动，既保护了生态环境，又减少了因人为活动引发地质灾害的风险。

8.2.2.4 推动多学科的决策系统发展

跨学科融合能够推动基于多学科知识的决策支持系统的发展，整合了地质工程、石油工程、环境科学和信息科学等多学科的知识和数据，为油气管道地质灾害风险决策提供全面、科学的支持。

决策支持系统通过建立知识库、模型库和数据库，将多学科的知识和数据进行有机整合。知识库包含地质灾害的成因、防治方法、管道设计规范、环境保护法规等多方面的知识；模型库存储各种风险评价模型、预测模型和决策模型，如地质灾害风险评价模型、管道可靠性分析模型、应急决策模型等；数据库则收集和存储地质数据、管道运行数据、环境监测数据等各类相关数据。同时，决策支持系统还具备实时更新和动态调整的功能。随着新的数据和知识的获取，系统能够及时更新知识库、模型库和数据库，确保决策支持的时效性和准确性。在管道运行过程中，当出现新的地质灾害风险或环境变化时，系统能够迅速对决策方案进行调整和优化，为应急决策提供及时的支持。

地质工程、石油工程、环境科学、信息科学等多学科的交叉融合，为解决油气管道地质灾害风险问题带来了创新的思路和方法。通过建立综合风险评价体系、开发多学科协同的监测预警技术、探索灾害防治与环境保护协同的策略以及推动基于多学科知识的决策支持系统发展，能够更加全面、科学地应对油气管道地质灾害风险，保障油气管道的安全稳定运行，实现油气能源输送与生态环境保护的协调发展。

8.2.3 跨学科协同机制与实践案例

（1）数据共享平台建设

构建统一的地质-工程-环境数据库，例如：某石化公司开发的“SeaBed”平台，支持多学科团队调用地质勘探、施工日志和生态监测数据；某项目通过升降轨 InSAR 数据融合，分解垂直与水平形变，结合 Okada 模型反演储层参数，优化管道穿越滑坡区的支护设计方案。

（2）联合攻关与技术创新

某集团联合高校研发的“G-BIM 技术”，集成地质建模、管道力学分析和环境风险评价模块，实现了从风险识别到治理方案生成的自动化。G-BIM 技术通过多源数据融合与三维可视化，实现了地质建模与管道力学分析的深度耦合。数据交互通过工业基础类（industry foundation class，IFC）标准实现地质模型与管道应力分析软件（如 PLAXIS、ABAQUS）的数据互通；在分析计算层，采用有限元法进行地质-结构耦合分析，并建立动态反馈机制，使地质模型更新自动触发管道力学重分析；在可视化决策层，将地质剖面、管道应力云图等数据集成于统一视窗，可以采用三维模型、数据报表、项目地图等形式，支持多方协同决策。从而实现地质建模与管道力学分析的深度集成与协同优化。

（3）全生命周期协同管理

在管道设计阶段，地质工程提供易发区地图，石油工程优化路由，环境科学评估生态影响，信息科学构建数字孪生模型。运营阶段，四学科通过监测数据联动，例如北斗位移报警触发环境应急响应。

8.2.4 学科融合发展方向

未来的油气管道必然向着智能化方向发展。制定跨学科数据接口标准与协同工作机制，实现信息共享。推动 AI 驱动的多学科模型耦合（如地质力学-环境毒性联合模拟），提升预测精度。构建“感知-分析-决策-执行”一体化的智能管道系统，实现地质灾害的实时感知和自动处置。

8.3 标准化与规范化引领管道地质灾害防控新方向

地质灾害风险评价的标准化与规范化是保障管道安全、高效运行的关键。作为能源输送的“生命线”，油气管道的覆盖范围和建设里程不断增加，穿越的地质环境愈发复杂多样，所面临的地质灾害风险也日益增加。制定统一、科学的风险评价标准和规范，具有不可忽视的重要性。这不仅关系到油气管道自身的安全稳定运行，更与能源供应安全、生态环境保护以及社会经济的可持续发展密切相关。

8.3.1 制定统一风险评价标准和规范

8.3.1.1 保障油气管道安全运行

统一的风险评价标准和规范为油气管道地质灾害风险评价提供了科学、一致的方法和流程。在复杂的地质环境中，如山区的滑坡、泥石流，沿海地区的海平面上升引发的地质沉降等，不同的评价方法可能得出差异巨大的风险评价结果。而标准化的评价体系明确了各类地质灾害风险评价的关键指标、数据采集方法、分析模型等内容，可确保无论在何处进行评价，都能基于相同的科学依据。这使得管道运营企业能够准确识别潜在风险点，提前采取针对性的防护措施，如加固管道、设置防护堤等，有效降低地质灾害对管道的破坏概率，保障油气的安全输送。

8.3.1.2 促进国际合作与技术交流

在全球化背景下，油气资源的跨国流动愈发频繁，跨国油气管道项目不断涌现。例如中俄东线天然气管道、中哈原油管道等项目，涉及多个国家的技术、资金和人员参与。然而，不同国家和地区由于地质条件、技术水平和行业标准的差异，在风险评价方面存在显著不同。统一的国际标准打破了这种地域壁垒，为各国在油气管道地质灾害风险评价领域搭建了交流合作的平台。各国可以基于共同的标准分享先进技术和实践经验，促进全球范围内的技术创新与进步。同时，统一标准也有利于国际项目合作与投资，降低合作成本和风险，推动全球能源互联互通的发展。

8.3.1.3 规范市场秩序，提升行业整体水平

各类风险评价机构的评价方法和质量参差不齐。部分机构为追求利益，可能采用不科学的评价方法或简化评价流程，导致评价结果不准确，无法为管道建设和运营提供可靠依据。评价机构必须依据标准开展工作，接受监管部门和行业协会的监督。这促使评价机构不断提升自身技术水平和服务质量，推动整个行业朝着规范化、专业化的方向发展，提高行业的整体竞争力。

8.3.1.4 为监管提供有力依据

政府监管部门在油气管道项目的审批、建设监督和运营管理中，需要科学、统一的标准来衡量项目的安全性和合规性。统一的风险评价标准和规范为监管部门提供了明确的监管尺度，使其能够准确判断项目是否符合安全要求，及时发现并纠正存在的问题。在项目审批阶段，依据标准对风险评价报告进行严格审查，

确保新建管道项目具备足够的安全保障；在运营阶段，按照标准对管道进行定期检查和风险评价，对不符合标准的企业进行督促整改，保障公共安全和环境安全。

8.3.2 国际层面的标准化发展现状与趋势

8.3.2.1 国际主要标准制定组织及其成果

目前，国际上有多个组织制定了油气管道风险评价的相关标准，其中美国石油学会（API）、美国机械工程师协会（ASME）和国际标准化组织（ISO）的相关标准具有一定的影响力。

《危险液体管道的完整性管理》（API RP 1160）是国际上广泛应用的输油管道完整性管理标准，其风险评价内容涵盖概述、方法、所需数据、确认排序及预防措施等。

ASME发布的B31系列标准，尤其是《输气和配气管道系统》（B31.8），在北美地区及其他许多国家和地区广泛应用。该标准对管道的风险评价方法、安全系数选取、检测与维护要求等方面做出了详细规定，注重实践经验与技术创新的结合，在保障管道安全运行的同时，也考虑了工程的经济性和可操作性。

《石油和天然气工业　油气管道地质灾害风险管理》（ISO 20074：2019）适用于石油和天然气工业中的陆上集输管道，涵盖了管道地质灾害风险识别、评估、应对计划、管理培训、监测和评估等方面，通过系统地识别和分析各种潜在的地质危害因素，确定潜在风险并制订应对措施。

《石油天然气工业　陆上管道地质灾害风险管理》（ISO 20074）是中国石油天然气管道局等单位基于十余年科研成果，将中国管道地质灾害防治经验推向国际，填补了ISO标准空白。该标准适用于陆上油气管道（含集输、干线管道）全生命周期地质灾害风险管理，包括规划、设计、施工、运行及废弃阶段，涵盖灾害识别（如滑坡、泥石流）、半定量风险评价（易发性×易损性×后果矩阵）、分级防治（避让/工程治理/监测）及智能监测预警（InSAR/GNSS/光纤传感）等技术要求。该标准创新性地融合中国管道行业经验，形成“五步法”识别流程与四级预警机制。在按此要求建立的中缅管道、西气东输等工程中验证成效，并推广至中亚天然气管道。哈萨克斯坦段根据ISO 20074进行地质灾害防治，通过避让高风险区，减少工程投资；尼日利亚某管道工程应用标准中的排水沟设计规范，有效降低因暴雨引发的管道水毁风险。

8.3.2.2 国际标准面临的挑战与改进方向

尽管现有的国际标准在全球油气管道行业发挥了重要作用，但随着技术的不断进步和行业发展，也面临着诸多挑战。如不同地区地质条件差异大，国际标准在特殊地质区域适应性不足，如极地低温、冻土对管道影响复杂，地震频发的板块交界地区对地震风险评价及应对措施在标准中需进一步细化。同时，大数据、人工智能等新技术在油气管道风险评价中应用广泛，但现有标准在技术规范方面相对滞后。如何融入新技术是标准制定的重要问题。此外，国际标准制定需平衡不同国家和地区利益诉求，协调过程复杂。一些发展中国家因技术和资金限制在标准制定中参与度低，导致标准推广困难。未来标准制定应注重全球广泛参与，充分考虑不同国家和地区的实际情况，提高普适性和可操作性。

为应对这些挑战，国际标准制定组织正积极开展研究和改进工作。加强与各国科研机构、行业协会的合作，收集不同地区的地质数据和工程案例，对标准进行针对性的修订和完善；加快对新技术的研究和评估，制定相关的技术规范和应用指南，推动新技术在风险评价中的规范化应用；通过举办国际研讨会等方式，提高发展中国家在标准制定过程中的参与度，促进国际标准在全球范围内的实施。

8.3.3 国内层面的标准化发展现状与趋势

8.3.3.1 国内标准制定情况

我国高度重视油气管道风险评价的标准化工作，相关部门和行业协会积极开展标准制定工作。中国石油天然气集团有限公司、中国石油化工集团有限公司等企业制定了一系列内部标准，对油气管道的风险评价流程、方法和指标等进行了规范。国家层面也陆续发布了多项与油气管道相关的标准。

《油气输送管道风险评价导则》（SY/T 6859—2020）规定了油气输送管道风险评价的方法、流程、数据收集与整合、风险因素识别、管段划分、失效可能性分析、失效后果分析、风险估算、判定、控制建议、再评价以及报告编制等内容，适用于陆上和海底油气输送管道的风险评价。

《油气输送管道完整性管理规范》（GB 32167—2015）第 7 章对管道风险评价的评价目标、评价方法、评价流程、风险可接受性、风险再评价、报告等内容进行了详细介绍，规定管道投产后 1 年内应进行风险评价，且再评价周期不宜超过 3 年，并按强制性规定对管道高后果区开展风险评价。

《油气管道地质灾害风险管理技术规范》（SY/T 6828—2024）规定了油气管道地质灾害风险识别、评价与控制的任务、内容及基本方法，适用于陆上长距离输送原油、成品油、天然气、煤层气和煤制气管道的地质灾害风险管理。

8.3.3.2 国内标准发展面临的问题与应对策略

现行油气管道地质灾害监测技术标准既有针对不同灾害类型而制定的，又有针对不同监测技术而制定的，也有综合的地质灾害风险评价与治理标准。大部分标准中包含监测等级与地质灾害风险等级的相应条款，但风险等级划分、监测等级与风险等级对应的情况，各标准并不一致，甚至存在多种划分准则，给标准使用带来不便。油气管道地质灾害风险评价标准体系中不同的标准存在方法差异、指标冲突、等级划分不统一等问题。例如，SY/T 6828—2024 标准中区域与单体管道分级不同，区域分 4 级，单体综合分 5 级。这些差异给企业的实际操作带来困难。随着新材料、新技术、新工艺在油气管道中的应用，现有的标准无法及时对这些新情况进行规范。标准提出了针对不同地质灾害类型的多种监测手段，但对于各类监测手段的使用条件、实施方式、数据格式、数据传输方式等问题没有明确规定。

仅有少数标准给出了监测数据的使用方法，如计算公式、报警阈值等。由于涉及力学计算，标准给出的公式及计算方法较为复杂，给出的阈值参考表缺乏指导性。为解决这些问题，国家应加强标准制定的统筹协调，对涉及油气管道风险评价的标准进行统一规划和管理，避免标准之间的冲突和矛盾。建议通过修订整合有关标准，统一地质灾害风险等级的划分方法，并使监测等级与地质灾害风险等级相对应，以期有效指导标准使用者对于风险的判断及监测等级的选择；对不同地质灾害类型的多种监测手段，按地质灾害等级制定监测内容以及监测频率等；明确在何种条件下使用何种监测技术，即各类监测手段应用时需要满足的条件及实施方式，每项地质灾害类型采集的数据格式、数据传输方式等；对于监测数据的分析与使用，应给出明确规定并附计算公式、报警阈值等。标准制定后及时跟踪行业技术发展动态，定期对标准进行评估和修订，确保标准的时效性。鼓励企业、科研机构、高校或社会团体积极参与标准制定工作，充分发挥各自的技术优势和实践经验，提高标准的质量和实用性。

8.3.3.3 国内标准化发展趋势

未来，我国油气管道风险评价标准体系将进一步完善。从单一的设计、施工标准向涵盖管道全生命周期风险评价的综合标准体系发展。加强对管道运行阶段风险监测、评估和预警标准的制定，建立动态的风险评价机制，实现对管道风险的实时监控和有效管理。标准将更加注重物联网、大数据、人工智能等新技术应用的规范和引导。制定相关新技术标准和指南，确保新技术在风险评价中的应用，提高风险评价的智能化水平。

积极参与国际标准的制定和修订工作，加强与国际标准的融合与互动，提升我国在国际标准制定中的话语权和影响力，将我国在油气管道风险评价领域的技术成果和实践经验推向国际。学习、参考国际先进标准，促进我国标准与国际标准的接轨，推动我国油气管道行业的国际化发展。

8.3.4 标准发展方向

标准化与规范化是油气管道地质灾害风险评价工作的必然趋势。从国际上看，面对不同地区复杂多样的地质条件，如极地的冻土难题、板块交界区的地震威胁，以及大数据、人工智能等新技术的快速发展，国际标准在适应性和技术规范上仍需不断完善。这就需要国际标准制定组织加强与各国科研机构、行业协会的协作，深入研究特殊地质区域的特性，加快新技术的评估与标准制定，同时平衡不同国家和地区的利益诉求，提升标准的普适性与可操作性。

随着行业的迅猛发展，推动油气管道地质灾害风险评价工作的持续改进，在国际和国内层面都需要多管齐下。在标准制定与修订方面，要紧跟行业技术发展趋势，及时更新、完善标准，确保其科学性；通过多种渠道进行强化宣贯与培训，使行业从业者深入理解并严格遵循标准；建立健全监督与评估机制，保障标准的有效执行；积极推动产学研用合作，充分整合各方资源与智慧，共同完善风险评价标准体系。通过上述措施，全面提升标准的科学性、实用性和执行性，为油气管道的安全稳定运行保驾护航。

8.4 面临的挑战与应对策略

在国家能源战略布局持续推进的背景下，油气管道网络规模不断扩大。地质灾害风险评价和管理工作对保障油气管道安全稳定运行、维护能源供应安全、保护生态环境以及促进社会经济可持续发展起着至关重要的作用。地质灾害风险评价的精准性不足、管理体系协同性欠缺、新技术应用配套机制不完善等深层次矛盾逐渐暴露，成为制约行业高质量发展的瓶颈。建立更加科学、智能、高效的地质灾害风险防控体系是油气管道行业的发展方向。深入剖析这些问题，制订切实可行的应对策略，对推动油气管道地质灾害风险评价和管理工作的持续进步意义重大。

8.4.1 技术难题

8.4.1.1 数据融合处理和隐私保护

在油气管道地质灾害风险评价中，数据来源广泛且复杂，多源异构数据融合

（图 8-2）精度亟待提升。地质勘查数据、管道运行监测数据、气象水文数据、卫星遥感数据等各类数据不仅格式多样（如文本、图像、传感器测量值等），而且在精度、时间尺度和空间分辨率上差异显著。例如，地质勘查数据的更新周期可能以年度为单位，而管道应力应变监测数据却是实时产生的；卫星遥感图像的空间分辨率与地面传感器采集数据的精度也难以匹配。这种差异使得在数据融合过程中，极易出现信息丢失、误差累积等问题，严重影响风险评价的准确性。

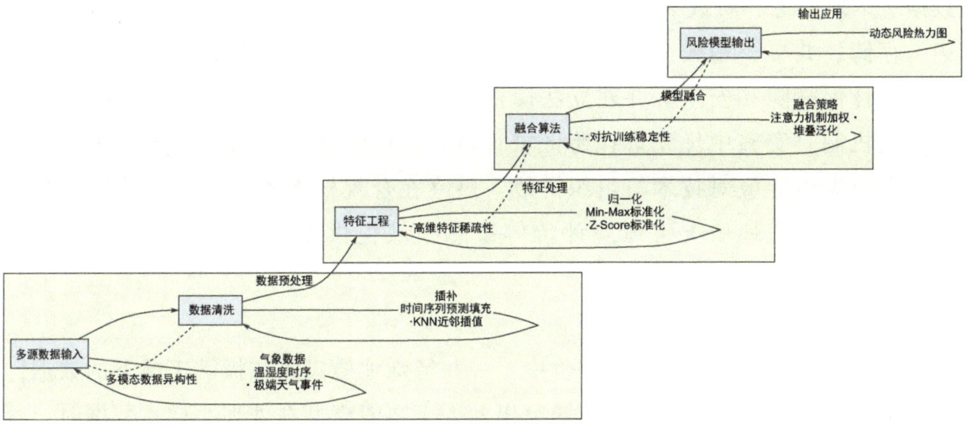

图 8-2 数据融合技术路线

随着物联网技术在油气管道监测中的广泛应用，数据量呈爆发式增长，海量数据处理效率成为瓶颈。传统的数据处理技术在面对如此大规模的数据时，计算速度和存储能力明显不足。以地质灾害模拟分析为例，需要处理大量的地质模型数据和监测数据，若采用常规计算设备和算法，模拟过程可能耗时几天甚至更长时间，远远无法满足实时风险评价和应急决策的需求。部分数据可能存在缺失值、异常值和错误值等问题，数据质量参差不齐增加处理难度。在地质数据采集过程中，由于野外环境复杂，传感器可能受到干扰，导致数据异常；管道运行数据也可能因设备故障或传输问题出现错误。这些低质量数据若不进行有效处理，会对后续的数据分析和风险评价结果产生严重误导[37-38]。

针对数据融合与处理困境，目前只能研发先进的数据融合算法，结合深度学习中的迁移学习和生成对抗网络等技术，在保留数据特征的前提下，提高多源异构数据的融合精度。通过建立数据质量评估体系，对采集到的数据进行实时质量监测，采用数据清洗、插补等方法对异常数据进行处理，确保数据的准确性和完整性。利用云计算和边缘计算技术，构建分布式数据处理架构。将部分数据处理任务在边缘设备上进行初步处理，减少数据传输量、减少云端负载、提升响应速度，然后将关键数据传输至云计算平台进行深度分析，提高数据处理效率。

在油气管道地质灾害风险评价领域，跨企业数据共享是提升风险评价精度的关键手段。对于企业，数据涉及企业核心资产（如管道路由坐标、岩土体力学参数)、商业机密（如特定区域的风险评价模型参数）以及敏感信息（如生态保护区的监测数据)。对于国家安全来说这些地质数据、管道运行数据、环境监测数据等都是重要的核心机密。为解决这一难题，跨企业数据共享中的隐私保护方案以联邦学习为核心技术，融合同态加密、差分隐私和多方安全计算等手段，实现数据“本地训练、参数共享、模型聚合”，避免原始数据泄露。方案覆盖数据采集、存储、共享、销毁全生命周期，通过字段脱敏、加密存储、权限控制和区块链审计保障隐私安全，并建立法律协议、信任激励和第三方监督的跨企业协同治理机制。实施中优先选择跨区域管道联合风险评价等场景试点，通过算力优化和政策引导应对技术与组织挑战，最终在合规框架下提升多源数据融合价值，为油气管道地质灾害风险评价等敏感领域提供安全高效的数据共享解决方案。

8.4.1.2 人工智能模型局限性

在油气管道地质灾害风险评价中，一些特殊地质灾害或极端工况下的数据样本数量有限，小样本数据学习问题突出。人工智能模型在处理小样本数据时，容易出现过拟合现象，即模型过度学习训练数据中的噪声和细节，而无法准确泛化到新的数据样本上，导致风险预测结果不可靠。在某些罕见地质灾害场景下，由于历史数据不足，基于深度学习的风险预测模型难以准确学习到灾害发生的规律，从而影响预测的准确性。

目前，深度学习模型，如CNN和RNN等，虽然在数据处理和预测方面表现出色，但内部结构复杂，决策过程难以理解，属于“黑箱”模型，模型可解释性差，制约实际应用。在油气管道风险评价中，决策者需要了解模型的决策依据，以便对评价结果进行合理判断和决策。模型可解释性差使得操作人员难以信任模型输出的结果，在实际应用中存在一定障碍。

为应对人工智能模型局限性，可探索半监督学习和迁移学习等新方法。半监督学习可以利用少量的标注样本和大量的未标注样本进行模型训练，扩大有效样本数量；迁移学习则可以将在其他相关领域或相似地质条件下训练好的模型参数迁移过来，作为当前任务模型训练的初始值，提高模型在小样本数据上的学习能力。还应研究模型解释技术，如基于特征重要性分析的方法、模型可视化技术等。通过这些技术，可以分析模型在决策过程中对各个输入特征的依赖程度，将模型的决策过程以可视化的方式呈现出来，提高模型的可解释性，增强决策者对模型的信任度。

8.4.1.3 复杂地质环境监测挑战

在复杂地质环境中，如山区的岩溶地貌、断裂带附近等，存在多种潜在的地质灾害风险，如岩溶塌陷、断层活动引发的管道破坏等。目前的监测技术主要集中在对常见地质灾害因素的监测，如位移、水位等，对于一些隐蔽性较强的风险因素，如地下空洞、深部地层变形等，监测手段相对有限，容易出现监测盲区，现有监测技术难以全面覆盖潜在风险因素。油气管道往往穿越各种恶劣的自然环境，如高温、高寒、强电磁干扰等区域。在这些环境下，监测设备的性能容易受到影响，导致数据采集不准确或设备故障。在高海拔寒冷地区，传感器的电池续航能力下降，电子元件性能不稳定，影响监测数据的可靠性，监测设备在恶劣环境下稳定性也较差。

面对复杂地质环境监测挑战，应加强新型监测技术研发，综合运用地球物理探测、无人机监测、卫星遥感等多种技术手段，实现对复杂地质环境的全方位监测。利用探地雷达、微动探测等地球物理方法，探测地下空洞、地层结构变化等潜在风险因素；借助无人机搭载高精度传感器，对管道沿线进行快速巡检，获取高分辨率的图像和数据；通过卫星遥感监测大面积的地质变形和环境变化信息，弥补地面监测的不足。研发适应恶劣环境的监测设备，采用特殊的材料和设计，提高设备的抗干扰能力和稳定性。在高寒地区，采用保温材料和高效电池技术，确保设备正常运行；在强电磁干扰环境下，对监测设备进行电磁屏蔽设计，提高数据采集的准确性。

8.4.2 政策法规变化

8.4.2.1 政策法规更新快带来的适应难题

随着国家对环境保护、安全生产等方面的关注度不断提高，政府部门对油气管道项目的监管要求日益严格。政策法规的更新使得油气管道企业在项目建设和运营过程中面临较大压力。企业需要投入大量的人力、物力和时间去学习和理解新政策法规的要求，并对现有业务流程、管理制度和技术标准进行调整和完善。这不仅增加了企业的运营成本，还可能导致在政策法规过渡期内，企业因未能及时适应新要求而面临违规风险，难以快速适应政策法规变化。

为应对政策法规更新快带来的适应难题，企业应建立政策法规跟踪与预警机制。设立专门的部门或岗位，负责收集、整理和分析国家及地方出台的相关政策法规信息，及时掌握政策法规的变化动态。通过与政府部门、行业协会保持密切沟通，获取政策法规制定和修订的前瞻性信息，提前做好应对准备。加强企业内部培训与宣贯工作，定期组织员工学习新的政策法规，提高员工的合规意识和业务能力。制订详细的内部操作指南，将政策法规要求转化为具体的工作流程和标准，确保企业各项业务活动符合政策法规要求。

8.4.2.2 政策法规差异导致的区域协调问题

我国地域辽阔，各地的地质条件、经济发展水平和环境承载能力不同，在油气管道相关政策法规的制定上存在一定差异。在管道建设的土地审批、环境影响评价标准以及安全监管要求等方面，不同省份或地区可能有不同的规定，不同地区政策法规存在差异。这种政策法规的差异给跨区域油气管道项目的建设和运营带来了诸多不便。企业在项目实施过程中，需要根据不同地区的政策法规要求，调整项目方案和管理模式，增加了项目的复杂性和协调成本。在管道沿线涉及多个地区时，可能会出现政策法规执行不一致的情况，导致项目进度受阻，甚至引发纠纷，区域协调困难，影响管道项目推进。

针对政策法规差异导致的区域协调问题，国家层面应加强对油气管道行业政策法规制定的统筹规划，推动不同地区之间的政策法规协调。建立区域间的政策法规沟通协调机制，定期组织相关部门和专家进行交流与研讨，逐步缩小地区间政策法规的差异。在跨区域管道项目中，企业应加强与各地区政府部门的沟通与协调。在项目前期规划阶段，充分了解沿线各地的政策法规要求，制订统一的项目实施方案，并与各地政府部门协商一致，确保项目在不同地区的顺利推进。同时，积极参与地方政策法规的制定过程，反馈行业实际情况和需求，争取政策支持。

8.4.2.3 政策法规与技术发展脱节

随着大数据、人工智能、物联网等新技术在油气管道地质灾害风险评价和管理中的广泛应用，行业技术水平不断提升。然而，政策法规的制定往往需要经过复杂的程序和较长的时间周期，导致其在新技术应用的规范和监管方面相对滞后。在一些新兴技术的应用上，如基于人工智能的风险预测模型、智能监测系统等，政策法规尚未明确相关的技术标准和监管要求，政策法规制定相对滞后于技术发展。

为解决政策法规与技术发展脱节的问题，应建立政策法规与技术发展的联动机制。政府部门加强与科研机构、企业的沟通与合作，及时了解油气管道行业的技术发展趋势和创新成果。在政策法规制定过程中，充分考虑新技术的应用需求，预留一定的政策空间，鼓励企业进行技术创新。对于成熟的新技术，及时制定相关的政策法规和技术标准，规范其在行业中的应用。设立技术创新扶持政策，政府通过财政补贴、税收优惠、科研项目资助等方式，鼓励企业开展油气管道地质灾害风险评价和管理技术的创新研究。同时，建立新技术应用示范项目，对采用新技术并取得良好效果的项目给予表彰和推广，为新技术的应用创造有利的政策环境。

8.4.3 社会环境影响

8.4.3.1 公众环保与维权意识增强带来的压力

随着社会经济的发展和教育水平的提升，公众的环保意识和维权意识日益增强，对油气管道项目的建设和运营给予了高度关注。油气管道项目可能涉及土地占用、生态破坏、环境污染等问题，容易引发公众的担忧和质疑。一旦公众对油气管道项目存在疑虑，可能会通过各种媒体渠道表达诉求，形成社会舆论压力。负面舆论可能会影响项目的形象和声誉，导致项目建设受阻，甚至引发群体性事件。

为应对公众环保与维权意识增强带来的压力，油气管道企业在项目建设和运营过程中，应加强信息公开与公众沟通。主动公开项目的相关信息，包括项目规划、建设方案、环境影响评价报告、风险防控措施等，保障公众的知情权。建立多样化的沟通渠道，如公众咨询热线、在线交流平台、社区座谈会等，及时回应公众关切，解答公众疑问。开展公众参与活动，在项目决策过程中充分听取公众意见，让公众参与到项目的规划和建设中来，增强公众对项目的认同感和支持度。例如，利用新技术建立虚拟现实（VR）公众体验中心，用 VR 技术动态展示管道穿越区域的地质灾害风险（如山体滑坡、地面沉降）及工程防护措施，模拟从灾害发生到应急响应的全流程，让公众直观感受风险的可控性，并设计互动环节，引导公众亲身参与风险防控决策，增强对项目的认同感。

8.4.3.2 社区关系协调难度增大

油气管道项目的建设会对周边社区的土地利用、居民生活等产生影响，如施工期间的噪声、粉尘污染，运营期间的安全风险等。不同社区居民的利益诉求各不相同，有的关注项目的安全性，有的关心环境影响，还有的希望从项目中获得更多的经济利益。这些多样化的诉求使得企业在与社区沟通协调时面临较大挑战，难以满足所有居民的期望，容易引发矛盾和纠纷，增加协调难度。

针对社区关系协调难度增大的问题，油气管道企业应建立社区利益共享机制。与周边社区签订合作协议，明确双方的权利和义务。在项目建设和运营过程中，为社区提供一定的经济补偿和发展支持，如优先聘用当地居民、投资社区基础设施建设、开展环保公益活动等，实现项目与社区的共同发展。组建由工程技术人员、公关人员和法律专业人员组成的社区关系协调团队，负责与周边社区进行日常沟通和协调工作。团队成员应深入了解社区居民的诉求，及时发现和解决问题，妥善处理各类矛盾和纠纷，维护良好的社区关系。

8.4.3.3 社会稳定风险评价要求提高

由于油气管道项目具有投资规模大、建设周期长、影响范围广等特点，其建设和运营过程中的任何问题都可能引发社会稳定风险。为应对社会稳定风险评价要求提高的挑战，政府部门应规范社会稳定风险评价流程和标准，制定统一的油气管道项目社会稳定风险评价指南，明确评估的内容、方法、流程和标准，提高评估的科学性和规范性。加强对评价机构的管理和监督，建立评价机构资质认证和信用评价体系，确保评估工作的质量。委托专业的评价机构，结合项目特点和周边社会环境，对项目可能引发的社会稳定风险进行全面识别、分析和评价。根据评价结果，制订有针对性的风险防范和化解措施，将社会稳定风险控制在可接受的范围内。在项目实施过程中，持续跟踪和监测社会稳定风险状况，及时调整风险防范措施，确保项目顺利推进。

油气管道地质灾害风险评价和管理工作面临的技术、政策法规和社会环境等方面的挑战错综复杂。通过采取有针对性的应对策略，加大技术研发投入、积极适应政策法规变化、妥善处理社会环境问题，能够有效降低风险，保障油气管道的安全稳定运行，为国家能源安全和社会经济发展提供有力支撑。在未来的发展中，行业各方应密切关注这些挑战的动态变化，不断优化应对策略，推动油气管道地质灾害风险评价和管理工作持续进步。同时，加强国际交流与合作，借鉴先进经验，共同应对全球性的能源输送安全挑战，为实现能源的可持续供应和社会的可持续发展贡献力量。

总之，油气管道地质灾害风险评价方法与实践是一个不断发展和完善的领域。通过持续推动新技术应用、深化跨学科融合、加强标准化规范化建设以及积极应对各种挑战，能够不断提升风险评价的水平，切实保障油气管道的安全，为国家能源供应的稳定和社会经济的可持续发展筑牢坚实基础。

参考文献

[1] 滕金标，高文伟．基于专家—层次分析法的地质灾害易损性评价——以湖南省麻阳县为例［J］．农业灾害研究，2025，15（1）：295-298.

[2] 王烜，李英，赵利军，等．基于双重层次分析法的地质灾害易发性评价——以辽宁省为例［J］．资源环境与工程，2025，39（2）：215-223，233.

[3] 卜吉武，李家乐，姜亚东，等．基于层次分析法的赤峰市地质灾害易发性评价［J］．环境与发展，2024，36（1）：20-27.

[4] 金松燕．基于层次分析法的地质灾害易发性评价［J］．中国减灾，2024（16）：56-57.

[5] 杨吉红，李剑，颜良宇，等．基于层次分析法和 GIS 的地质灾害易发性评价［J］．路基工程，2024（5）：39-43.

[6] 高留喜，杨晓霞，郜庆国，等．支持向量机方法在山东山洪地质灾害预报中的应用试验［J］．气象科技，2007，35（5）：642-645.

[7] 刘金沧，王欢欢，李云，等．基于支持向量机的华南斜坡类地质灾害易发性评价：以肇庆市怀集县为例［J］．时空信息学报，2024，31（6）：785-794.

[8] 汪本寂，胡安森，赵俊丞，等．基于主成分分析和随机森林的长输管道风险评价［J］．中国水运，2024，24（20）：145-147.

[9] 张金雨．基于改进深度学习主干网络的滑坡识别方法研究［D］．济南：山东建筑大学，2024.

[10] 刘燊．基于 IMU 应变数据的地灾风险段识别与评价方法研究［D］．北京：中国石油大学（北京），2022.

[11] 贾韶辉，郭磊，周利剑，等．基于 GIS 的长输油气管道气象与地质灾害预警平台［C］//2013 中国国际管道会议暨第一届中国管道与储罐腐蚀与防护学术交流会论文集．2013：79-82.

[12] 贾韶辉，冯庆善，周利剑，等．基于 GIS 技术的管道地质灾害汛期预警研究［C］//第三届石油天然气管道安全国际会议暨第三届天然气管道技术研讨会论文集．2009：1-8.

[13] 王小松．运用 InSAR 技术的中缅管道永平县段滑坡识别研究［J］．四川建材，2024，50（2）：73-75.

[14] 方迎潮，王小松，蒋毅，等．基于时序 InSAR 技术的中贵天然气管道天水市段沿线滑坡隐患识别与形变分析［J］．科学技术与工程，2024，24（4）：1357-1369.

[15] 罗志强，彭波，夏敏．无人机在天然气长输管道地质灾害预警的应用［J］．石化技术，2020，27（2）：173-174.

[16] 高姣姣，颜宇森，盛新蒲，等．无人机遥感在西气东输管道地质灾害调查中的应用［J］．水文地质工程地质，2010，37（6）：126-129，133.

[17] 傅文杰，洪金益．基于支持向量机的滑坡灾害信息遥感图像提取研究［J］．水土保持研究，2006，13（4）：120-121，124.

[18] 王小浩，唐亚明，王佳运，等．基于加权证据权法的吴堡地质灾害敏感性评价研究［J］．陕西水利，2020（2）：1-3，6.

[19] 陈阳鸿．地质灾害对油气管道的危害及风险消减措施［J］．建筑工程技术与设计，2023，11（4）：94-96.

[20] 曹如飞，吴春阳．管道常见地质灾害及治理措施［J］．管道保护，2023（3）：89-91.

[21] 王涛，王海清，余苏兴，等．天然气管道山体滑坡和水毁地质灾害分析［J］．煤气与热力，2024，44（7）：38-42.

[22] 曾洪涛．川渝地区油气管道地质灾害防治措施［J］．管道保护，2022（3）：44-46.

[23] 颜宇森，高姣姣，韩超．油气管道全生命周期地质灾害防治［J］．管道保护，2024，74（1）：25-28.

[24] 董绍华．管道风险评价技术［M］．北京：中国石化出版社，2020.
[25] 杨玉锋．油气长输管道风险评价技术、标准及软件综述［J］．工业安全与环保，2025，51（03）：92-97.
[26] 董绍华，张河苇，等．管道大数据决策支持技术［M］．北京：科学出版社，2020.
[27] 刘汉龙，马彦彬，仉文岗．大数据技术在地质灾害防治中的应用综述［J］．防灾减灾工程学报，2021，41（04）：710-722.
[28] 何文娜．大数据时代基于物联网和云计算的地质信息化研究［D］．长春：吉林大学，2013.
[29] 佟彬，殷跃平，李曧，等．地质灾害人工智能大语言模型研究展望［J］．中国地质灾害与防治学报，2025，36（02）：1-12.
[30] 张雯慧．基于大数据的地质灾害预警模型研究［D］．北京：中国地质大学（北京），2021.
[31] 李凌波，张晨，宋凯，等．基于物联网的滑坡下管道应力监测及预警方法研究［J］．油气田地面工程，2024，43（05）：43-50.
[32] 张晓飞，吕中虎，孟庆佳，等．基于物联网和弱反射光栅阵列的地质灾害监测系统设计与应用［J］．现代电子技术，2025，48（01）：144-150.
[33] 应红．人工智能技术在地质灾害中应用前景的分析［J］．农业灾害研究，2024，14（05）：326-328.
[34] 佘东，朱晓彦，丁俊．云计算在地质灾害预警系统中的应用［J］．长江大学学报（自科版），2013，10（13）：1，69-72.
[35] 张磊．油气管道沿线地质灾害识别与评价方法研究［D］．成都：四川师范大学，2020.
[36] 王敏，周长李，曹威．长输管道自动化技术现状和发展趋势［J］．全面腐蚀控制，2024，38（02）：22-25.
[37] 任武，张珂，富影杰，等．基于隐私计算的油气管网数据安全共享技术平台研究与应用［J］．大数据，2024，10（06）：161-180.
[38] 梁乐乐．油气储运中长输管道的安全性提升研究［J］．中国石油和化工标准与质量，2024，44（15）：19-21.